U0314759

铝及铝合金轧制技术

胥福顺　陈德斌　岳有成　田　怡　编著

北　京

冶金工业出版社

2021

内 容 提 要

全书分上、下篇，共 14 章，较为全面地介绍了铝及铝合金的生产过程，包括生产工艺、技术装备、日常维护、安全环保、常见质量问题分析与对策等。

本书可供从事铝及铝合金生产加工技术的工程技术人员、科研人员阅读，也可供大专院校相关专业的师生参考。

图书在版编目（CIP）数据

铝及铝合金轧制技术／胥福顺等编著 . —北京：冶金工业出版社，2019.1（2021.11 重印）
ISBN 978-7-5024-7903-9

Ⅰ.①铝… Ⅱ.①胥… Ⅲ.①铝—轧制 ②铝合金—轧制 Ⅳ.①TG339

中国版本图书馆 CIP 数据核字（2018）第 235632 号

出 版 人 苏长永
地　　址 北京市东城区嵩祝院北巷 39 号　邮编　100009　电话　（010）64027926
网　　址 www.cnmip.com.cn　电子信箱　yjcbs@cnmip.com.cn
责任编辑 杨盈园　美术编辑 彭子赫　版式设计 禹　蕊
责任校对 王永欣　责任印制 李玉山
ISBN 978-7-5024-7903-9
冶金工业出版社出版发行；各地新华书店经销；三河市双峰印刷装订有限公司印刷
2019 年 1 月第 1 版，2021 年 11 月第 2 次印刷
710mm×1000mm　1/16；13 印张；251 千字；194 页
58.00 元
冶金工业出版社　投稿电话　（010）64027932　投稿信箱　tougao@cnmip.com.cn
冶金工业出版社营销中心　电话　（010）64044283　传真　（010）64027893
冶金工业出版社天猫旗舰店　yjgycbs.tmall.com
（本书如有印装质量问题，本社营销中心负责退换）

前　言

　　铸造与轧制是铝及铝合金板带材生产流程中非常重要和关键的生产工序，通过轧制将铝及铝合金铸造组织转变为加工组织。铸造组织有着强烈的遗传性，对轧制工序的变形组织、表面质量以及板形状况有着强烈的影响。铝及铝合金的铸造与轧制工艺对最终产品的质量情况起着决定性的作用。因此，本书从铝及铝合金的合金配比、熔炼、铸造工艺控制以及轧制技术等关键工序着手，系统阐述了铝及铝合金铸造与轧制技术的影响因素及质量提升措施。

　　作者从事铝及铝合金生产及技术开发工作多年，将积累的非常丰富的生产经验以及收集到的国内外相关资料进行整理并编著成书。全书分为上、下篇，较为全面地介绍了铝及铝合金的生产过程，包括生产工艺、技术装备、日常维护、安全环保、常见质量问题分析与对策等。本书在内容上突出实用性，绝大部分数据与质量问题分析均来自作者的实际生产经验，内容丰富、翔实，对从事铝及铝合金生产加工技术及大中专院校教学将有很大的帮助。

　　本书上篇共5章，其中，胥福顺、陈德斌编写第1章、第2章、第3章，岳有成、田怡编写第4章、第5章；下篇共9章，陈德斌、谭国寅编写第6章、第8章，胥福顺、岳有成、田怡编写第7章、第9章、第10章，田怡、孙彦华编写第11章、第12章，陈德斌编写第13章，胥福顺、岳有成编写第14章；全书由田怡、邱哲生、孙彦华审校。

　　在本书的编写过程中，得到了云南省科学技术厅、云南铝业股份有限公司及其各分（子）公司的领导与专业技术人员支持。本书的出版，也感谢云南省科技计划项目（2016BA011、2018ZE014）的支持，在此一并表示感谢！

随着科技的进步，中国工业水平日渐提高，新技术、新装备的发展及应用日新月异，铝及铝合金轧制技术的发展突飞猛进，而我们的经验和水平有限，书中不妥之处，欢迎读者批评指正。

作　者

2018 年 7 月

目　录

上篇　铝及铝合金铸轧

下篇 板带轧制

上 篇
铝及铝合金铸轧

铸轧工艺流程图

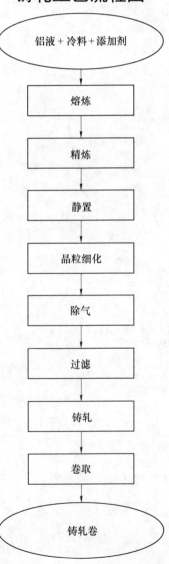

铝液 + 冷料 + 添加剂

↓

熔炼

↓

精炼

↓

静置

↓

晶粒细化

↓

除气

↓

过滤

↓

铸轧

↓

卷取

↓

铸轧卷

1 铝及铝合金基础知识

随着科学技术的飞速发展，铝及铝合金得到了极为广泛的应用，工业、农业、医药、航空、航天、国防乃至人们的日常生活，无不广泛地应用铝及铝合金。铝及铝合金之所以得到广泛的应用，除了铝蕴藏量丰富、冶炼较简单外，更重要的是铝及其合金有着一系列的优良特性。

1.1 铝及铝合金的特点及应用

1.1.1 特点

铝是一种银白色的轻金属，在自然界中的分布极为广泛，蕴藏量占地壳总质量的 7.45% ~ 8.20%，是铁蕴藏量的一倍多，比其他有色金属蕴藏量的总和还多，是地壳中分布最广的金属元素。

铝具有良好的导电性和导热性，仅次于银和铜。

铝是比较活泼的金属，在空气中极易氧化，生成致密而坚固的氧化膜，可以防止铝继续氧化，对于处在固态和液态的铝均有良好的保护作用。

铝的熔点为 660℃，沸点为 2467℃，密度为 2.7g/cm³。

铝属于面心立方晶格结构，可塑性好，能进行各种形式的压力加工。

无低温脆性。铝在摄氏零度以下，随着温度的降低，强度和塑性不仅不会降低，反而提高。

反射性强。铝的抛光表面对白光的反射率达 80% 以上，纯度越高，反射率越高。同时，铝对红外线、紫外线、电磁波、热辐射等都有良好的反射性能。

美观。铝及其合金经机加工后可达到很高的光洁度和光亮度。经阳极氧化和着色，可获得五颜六色、光彩夺目的制品。

1.1.2 应用

由于纯铝的强度较低，一般不做结构材料使用。如果在铝中加入其他元素制成铝合金，可以提高其力学性能，某些铝合金的比强度可以与钢相媲美，其比刚度甚至超过了钢。因此，铝及铝合金在交通运输、化工、机械、电力、仪表、建筑、农业及轻工业领域中得到了广泛的应用。在航空、航天及许多国防工业部门中，铝及铝合金更是必不可少的材料。

1.2　铝及铝合金分类

1.2.1　铝及铝合金分类

纯金属的特点是强度和硬度较低，塑性较高，导电性和导热性好，并且电阻温度系数大。但纯金属的性能"单纯"，不够多样化，用途受到限制。因此，人们将纯金属制成合金，以满足更广泛的要求。以铝为基础（铝质量分数大于50%）加入一种或几种其他元素，使之熔合在一起，构成一种新的金属组成物，称之为铝合金。

铝合金内所添加的金属元素，因合金的用途不同而异，一般来说加入的合金元素有铜、镁、锌、锰、铬、镍、钒、钛等，铁和硅作为杂质加入，但有时也作为合金元素加入，如 4××× 系 Al-Si 合金中的硅。

按生产方法的不同，铝合金可分为铸造铝合金和变形铝合金两大类。铸造铝合金合金元素的含量高一些，具有较多的共晶体，有较好的铸造性能，但塑性低，不宜进行压力加工而用于铸造零件；变形铝合金塑性较好，可用压力加工方法制成各种形式的半成品。

1.2.2　变形铝合金的分类

变形铝合金的分类方法很多。目前，世界上绝大部分国家通常按以下三种方法进行分类：

（1）按合金状态图及热处理特点分为可热处理强化铝合金和不可热处理强化铝合金两大类。不可热处理强化铝合金如：纯铝、Al-Mn、Al-Mg、Al-Si 系合金。可热处理强化铝合金如：Al-Mg-Si、Al-Cu 系合金。

（2）按合金性能和用途可分为：工业纯铝、防锈铝、硬铝、超硬铝、锻铝、特殊铝等。

（3）按合金中所含主要元素成分可分为：1×××系（纯铝）、2×××系（Cu）、3×××系（Mn）、4×××系（Si）、5×××系（Mg）、6×××系（Mg、Si）、7×××系（Zn）、8×××系（其他元素）及9×××系（备用合金组）。

1.3　变形铝及铝合金的牌号和化学成分

1.3.1　国际四位数体系牌号的划分

国际四位数体系牌号的第一位数字表示组别，如下所示：

工业纯铝（铝含量不小于99.00%）　　　　　　　　1×××

合金组别按下列主要合金元素划分：

Cu　　　　　　　　　　　　　　　　　　　　　2×××

Mn		$3 \times \times \times$
Si		$4 \times \times \times$
Mg		$5 \times \times \times$
Mg + Si		$6 \times \times \times$
Zn		$7 \times \times \times$
其他元素		$8 \times \times \times$
备用组		$9 \times \times \times$

1.3.1.1 1×××牌号系列

1×××组表示工业纯铝（铝含量不小于99.00%），其最后两位数字表示最低铝百分含量中小数点后面的两位。

牌号的第2位数字表示合金元素或杂质极限含量的控制情况：如果第2位为0，则表示其杂质极限含量无特殊控制；如果是1~9，则表示对一项或一项以上的单个杂质或合金元素极限含量有特殊控制。

1.3.1.2 2×××~8×××牌号系列

2×××~8×××牌号中的最后两位数字没有特殊意义，仅用来区分同一组中不同的铝合金。第2位表示改型情况，如果第2位为0，则表示为原始合金；如果是1~9，则表示为改型合金。

1.3.2 变形铝合金产品状态及表示方法

1.3.2.1 基础状态代号

变形铝及铝合金的基础状态分为5种，见表1-1。

表1-1 基础状态代号、名称、说明与应用

代号	名 称	说 明 及 应 用
F	自由加工状态	适用于在成型过程中，对于加工硬化和热处理条件无特殊要求的产品，该状态产品的力学性能不作规定
O	退火状态	适用于经完全退火获得最低强度的加工产品
H	加工硬化状态	适用于通过加工硬化提高强度的产品
W	固溶热处理状态	适用于经固溶热处理后，在室温下自然时效的一种不稳定状态，该状态不作为产品交货状态，仅表示产品处于自然时效阶段
T	不同于F、O、H状态的热处理状态	适用于固溶热处理后，经过（或不经过）加工硬化达到稳定状态的产品

1.3.2.2　H 的细分状态代号

在字母 H 后面添加两位阿拉伯数字（称作 H××状态）或三位阿拉伯数字（称作 H×××状态）为 H 的细分状态。

A　H××状态

H 后面的第一位数字表示获得该状态的基本处理程序，如下所示：

H1：单纯加工硬化状态。适用于未经附加热处理，只经加工硬化即获得所需强度的状态。

H2：加工硬化及不完全退火的状态。适用于加工硬化程度超过成品规定要求后，经不完全退火，使强度减低到规定指标的产品。对于室温下自然时效软化的合金，H2 与对应的 H3 具有相同的最小极限抗拉强度值；对于其他合金，H2 与对应的 H1 具有相同的最小极限抗拉强度值，但伸长率比 H1 稍高。

H 后面的第 2 位数字表示产品的加工硬化程度。数字 8 表示硬状态。对于 O（完全退火）和 H×8 状态之间的状态，应在 H×代号后分别添加 1~7 的数字表示，在 H×代号后添加数字 9 则表示比 H×8 加工硬化程度更大的超硬状态。

B　H×××状态

H111 适用于最终退火后又进行了适当的加工硬化，但加工硬化程度又不及 H11 状态的产品。

H112 适用于热加工成型的产品。

1.4　常见铝及铝合金

1.4.1　1×××系工业纯铝

1.4.1.1　主要特点

工业纯铝并不是指纯金属铝而言，有时把工业纯铝列为合金之一。因为工业纯铝中都含有一定量的铁和硅及少量的其他元素。因此，在性质上工业纯铝不同于真正的纯铝。

1×××系铝合金属于工业纯铝，具有密度小、导电性好、导热性高、熔解潜热大、光反射系数大、热中子吸收界面积较小及外表色泽美观等特性。铝在空气中其表面能生成致密而坚固的氧化膜，阻止氧的侵入，因而具有较好的抗蚀性。1×××系铝合金属于不可热处理强化铝合金，只能采用冷作硬化方法来提高强度，因此强度较低。

1.4.1.2　铝铁、铝硅二元相图及铝铁硅三元相图

铝铁二元相图如图 1-1 所示，铝硅二元相图如图 1-2 所示，铝铁硅三元相图如图 1-3 所示。

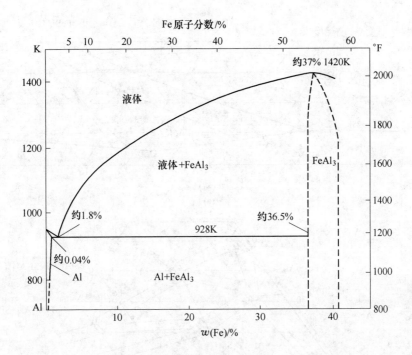

图 1-1　铝铁二元相图（K 为开尔文温度，℉表示华氏度）

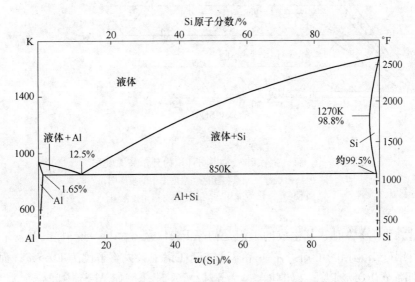

图 1-2　铝硅二元相图（K 为开尔文温度，℉表示华氏度）

根据铝铁二元相图可以看出，在共晶温度，铁在铝中最大溶解度为 0.04%，当铝中含铁量大于 0.04% 时，其生成的组织是 α（Al）及 α（Al）+ FeAl₃ 共晶；如

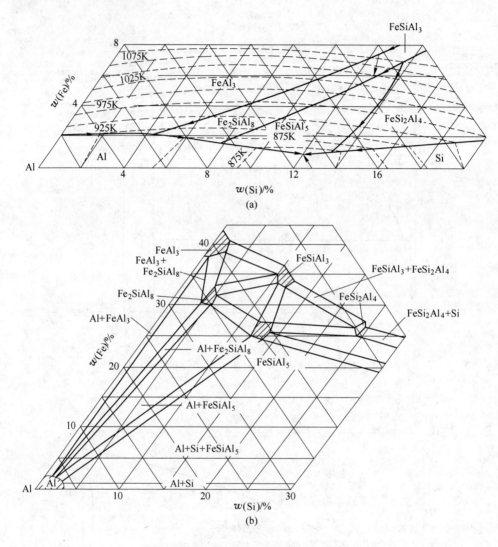

图 1-3 铝铁硅三元相图（K 为开尔文温度）

（a）铝铁硅三元系各相区在浓度图中的投影图；

（b）铝铁硅三元相图的液相面富铝角投影图

铁含量大于 1.8% 时，其生成的组织是初晶 $FeAl_3$ 及 $\alpha(Al) + FeAl_3$ 共晶。

由铝硅二元相图可知：在共晶温度，硅在铝中最大溶解度为 1.65%，而在室温下则降至 0.05% 以下。如硅含量大于 12.5% 时（例如 Al-Si 中间合金），生成的组织是初晶 Si 及 $\alpha(Al) + Si$ 共晶。

根据铝铁硅三元相图铝角液相面相区可以看出，除 $FeAl_3$ 及 Si 相外，还有 $\alpha(Fe_3SiAl_{12})$、$\beta(Fe_2Si_2Al_9)$ 相。在含 Si 2.3% 及 Fe 5.5% 的合金中，可以看到

$\alpha(Fe_3SiAl_{12})$ 相，由于包晶反应进行不完全，在 $\alpha(Fe_3SiAl_{12})$ 中还包有残存的 $FeAl_3$。

1.4.1.3　铁、硅对 1××× 系铝合金组织和性能的影响

铁和硅是 1××× 系铝合金中的主要杂质，它们对合金的组织和性能均有一定的影响。

Fe 与 Al 可以生成 $FeAl_3$，Fe 与 Si 和 Al 可以生成三元化合物 $\alpha(Al、Fe、Si)$ 和 $\beta(Al、Fe、Si)$，它们是 1××× 系铝合金中的主要相，性硬而脆，对力学性能影响较大，一般是使强度略有提高，而塑性降低，并可以提高再结晶温度。

Si 与 Fe 是铝中的共存元素，当 Si 过剩时，以游离硅状态存在，性硬而脆，使合金的强度略有提高，而塑性降低，并对铝的二次再结晶晶粒度有明显影响。

总之，无论出现 α 相和 β 相或是游离硅，它们均属脆相，尤其 β 相和游离硅脆性最大，它们均能降低塑性。

1.4.1.4　其他杂质的影响

1××× 系铝合金中还含有少量的铜、锌、锰、镍和钛等杂质元素，这些元素会降低导电性，按铬、锰、钒、钛、镁、铜、锌、硅、铁顺序递减，铜和锌还会降低铝的抗蚀性，锰与硅、铁形成脆相，严重影响塑性。

1.4.2　3××× 系铝合金

1.4.2.1　主要特点

3××× 系铝合金是以锰为主要合金元素的铝合金，属于不可热处理强化铝合金。它的塑性高，焊接性能好，强度比 1××× 系铝合金高，而耐蚀性能与 1××× 系铝合金相近，是一种耐腐蚀性能良好的中等强度铝合金，它用途广，用量大。

1.4.2.2　铝锰二元相图

铝锰二元相图如图 1-4 所示。

根据铝锰二元相图可知，在共晶温度，锰在铝中的最大溶解度为 1.8%，当锰含量高于 1.8% 时，生成的组织是 $\alpha(Al) + MnAl_6$ 共晶，但在铸造铝合金中，当锰含量为 1.0% ~ 1.6% 时，就会生成 $\alpha(Al) + MnAl_6$ 共晶组织。

1.4.2.3　合金元素的作用

Mn 是 3××× 系铝合金中唯一的主合金元素，其含量一般在 0.05% ~ 1.5% 范围内，合金的强度、塑性和工艺性能良好，Mn 与 Al 可以生成 $MnAl_6$ 相。合金

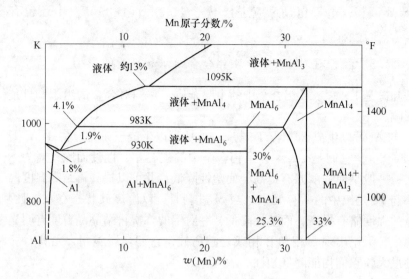

图 1-4　铝锰二元相图（K 为开尔文温度，℉表示华氏度）

的强度随 Mn 含量的增加而提高，当 Mn 含量高于 1.6% 时，合金强度随之提高，但由于形成大量脆性化合物 $MnAl_6$，合金变形时容易开裂。随着 Mn 含量的增加，合金的再结晶温度相应地提高。该系合金由于具有很大的过冷能力，因此在快速冷却结晶时，产生很大的晶内偏析，Mn 的浓度在枝晶的中心部位低，而在边缘部位高，当冷加工产品存在明显的 Mn 偏析时，在退火后易形成粗大晶粒。

1.4.2.4　杂质元素的影响

Fe：Fe 能溶于 $MnAl_6$ 中形成（FeMn）Al_6 化合物，从而降低 Mn 在 Al 中的溶解度。在合金中加入 0.4% ~ 0.7% 的 Fe，同时保证 Fe + Mn 不大于 1.85%，可以有效地细化 3 × × × 系铝合金退火后的晶粒，否则，形成大量的粗大片状（FeMn）Al_6 化合物，会显著降低合金的力学性能和工艺性能。

Si：Si 是有害杂质，能降低合金的塑性，使制品裂纹的倾向性增加。当合金中 Fe 和 Si 同时存在，则形成 α（$Al_{12}Fe_3Si_2$）或 β（$Al_9Fe_2Si_2$）相，破坏了 Fe 的有利影响，故合金中的 Si 应控制在 0.6% 以下。此外，Si 还会降低 Mn 在铝中的溶解度，而且比 Fe 的影响大。

Mg：少量的 Mg 能显著地细化该系合金退火后的晶粒，并稍微提高其抗拉强度，但同时也降低了退火材料的表面光泽和合金的成型性能。因此，应控制 Mg 含量小于 0.05%。

Cu 会降低合金的耐蚀性，Zn 会影响合金的焊接性能。

1.4.3 5×××系铝合金

1.4.3.1 主要特点

5×××铝合金是以 Mg 为主要合金元素，属于不可热处理强化铝合金。该系合金密度小，强度比 1×××系和 3×××系铝合金高，属于中高强度铝合金，疲劳性能和焊接性能好，耐海洋大气腐蚀性好。该系合金主要用于制作焊接结构件和应用在船舶领域。

1.4.3.2 铝镁二元相图

铝镁二元相图如图 1-5 所示。

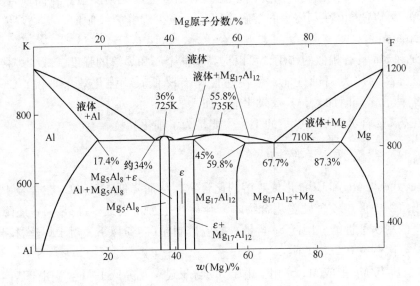

图 1-5 铝镁二元相图（K 为开尔文温度，℉表示华氏度）

根据铝镁二元相图可知，共晶温度下镁在铝中最大溶解度为 17.4%，但在半连续铸造的快速冷却条件下，溶解度仅为 3%～6%，因此当合金中镁含量超过这一值时，合金组织中将生成 α(Al) + Mg₅Al₈ 共晶体。

1.4.3.3 合金元素的作用

5×××系铝合金的主要合金成分是 Mg，并添加少量的 Mn、Cr、Ti 等元素。

Mg 主要以固溶状态和 β(Mg₂Al₃ 或 Mg₅Al₈)相存在，虽然 Mg 在合金中的溶解度随温度的降低而迅速减小，但由于析出形核困难，核心少，析出相粗大，因而合金的时效强化效果低，一般都是在退火或冷加工状态下使用。因此，该系合金也称为不可强化铝合金。该系合金的强度随 Mg 含量的增加而提高，塑性则随之降低，其加工工艺性能也随之变差。Mg 含量对合金的再结晶温度影响较大，当 Mg 含量小于 5% 时，再结晶温度随 Mg 含量的增加而降低，当 Mg 含量超过 5% 时，再结晶温度则随 Mg 含量的增加而升高。Mg 含量对合金的焊接性能也有明显影响，当 Mg 含量小于 6% 时，合金的焊接裂纹倾向随 Mg 含量的增加而降低，当 Mg 含量超过 6% 时，则相反；当 Mg 含量小于 9% 时，焊缝的强度随 Mg 含量的增加而显著提高，此时塑性和焊接系数虽略有降低，但变化不大，当 Mg 含量大于 9% 时，其强度、塑性和焊接系数均显著降低。

5×××系铝合金中通常含有 1.0% 以下的 Mn。Mn 元素部分固溶于基体，其余以 $MnAl_6$ 相的形式存在于组织中。在铝合金中加入 Mn，可以提高再结晶温度，防止晶粒粗化，并使强度有所提高，尤其对屈服强度更为明显。在高镁合金中，添加 Mn 可以使 Mg 在基体中的溶解度降低，减少焊缝裂纹倾向，提高焊缝和基体金属的强度。

Cr 和 Mn 具有相似的作用，可以提高基体金属和焊缝的强度，减少焊接热裂倾向，提高耐应力腐蚀性能，但使塑性略有降低。就强化效果来说，Cr 不如 Mn，若两元素同时加入，其效果比单一加入的好。

在高 Mg 合金中加入少量的 Ti，主要是为了细化晶粒。

1.4.3.4　杂质元素的作用

Fe：Fe 与 Mn 和 Cr 能形成难溶的化合物，从而降低 Mn 和 Cr 在合金中的作用，当组织中形成较多硬脆化合物时，容易产生加工裂纹。此外，Fe 还降低该系合金的耐腐蚀性能，因此 Fe 含量一般应控制在 0.4% 以下，对于焊丝材料，Fe 含量最好限制在 0.2% 以下。

Si：Si 与 Mg 形成 Mg_2Si 相，由于 Mg 含量过剩，降低了 Mg_2Si 相在基体中的溶解度，所以不但强化作用不大，而且还降低了合金的塑性。轧制时，Si 比 Fe 的副作用更大，因此 Si 含量一般应限制在 0.5% 以下。

Cu：微量的 Cu 就能使合金的耐蚀性能变差，因此对 Cu 含量应严格控制。

Zn：在高镁合金中添加少量的 Zn 可以提高抗拉强度。但当 Zn 含量大于 0.2% 时，会使合金的力学性能和耐腐蚀性能变差。

Na：当 Na 含量超过 0.001% 时，高镁合金会产生"钠脆性"，导致严重的热裂纹，因此，高 Mg 合金在熔炼时，不能使用含 Na 的熔剂。

1.4.4　8011 合金

近年来，用铸轧法生产 8011 铝合金空调箔有逐步取代 1100（1200）牌号空调箔的趋势，其原因在于：8011 空调箔的力学性能和使用性能均优于 1100 空调箔，与热轧工艺生产的产品相比并不逊色，制造工艺简单，且能满足高性能、低成本的要求。

为保证产品最终性能的相对稳定，多数铝箔生产厂家对其成分范围进行了较严格的限定，给成分控制提出了较高的要求。实际生产中，为减少钛以及其他元素的沉积，可以定时对静置炉进行搅拌。

1.5　变形铝合金的加工

按工件在变形过程中的受力与变形方式（应力-应变状态），铝及铝合金加工可分为轧制、挤压、拉拔、锻造、旋压、成形加工（如冷冲压、冷变、深冲等）及深度加工等。

1.5.1　常用的轧制方法

根据轧辊旋转方向不同，铝合金轧制可分为纵轧、横轧和斜轧。根据辊系不同，铝合金轧制可分为两辊系轧制、多辊系轧制和特殊辊系（如行星式轧制、V形轧制等）。根据轧辊状态不同，铝合金轧制可分为平辊轧制和孔型辊轧制等。根据产品品种不同，铝合金轧制又可分为板、带、箔材轧制，棒材、扁条和异形型材轧制，管材和空心型材轧制等。

1.5.2　常用的挤压方法

挤压成形是对盛在容器（挤压筒）内的金属锭坯施加外力，使之从特定的模孔中流出，从而获得所需断面形状和尺寸的一种加工方法。铝工业上广泛应用的几种挤压方法有：正挤压法、反挤压法、连续挤压法等。

1.5.3　主要的锻造方法

铝合金锻造有自由锻和模锻两种基本方法。自由锻是将工件放在平砧（或型砧）间进行锻造。模锻是将工件放在给定尺寸和形状的模具内，然后对模具施加压力进行锻造变形，而获得所要求的模锻件。

1.5.4　常见铝加工术语

铸轧：也称连续铸轧，是一种将液态金属引入两个旋转水冷轧辊，并在一定轧制力下生产金属板坯的生产工艺。

连铸连轧：将液态金属在铸机或铸模进行连续铸造后稳定送料到轧机进行轧制的生产工艺，如铝圆杆的生产、哈兹列特铝板连铸连轧等。

铸嘴：将熔融铝液引入轧辊辊缝的浇注系统。

前箱：连接铸嘴与流槽的半开放式或密闭保温材料箱体，将流槽的金属液体引流到铸嘴，起到分流、稳流、保温等作用。

立板：在铸轧生产开始时，将液体金属由浇注系统从铸轧机轧辊后方引入轧辊辊缝，从轧辊前方引出板坯的操作。

合金：由两种或两种以上的金属元素或金属元素与非金属元素熔融在一起具有金属特性的物质。铝合金则是由铝和其他金属元素或非金属元素熔融在一起的物质。

熔点：金属或合金的熔化温度。

耐腐蚀性：金属或合金在常温下抵抗腐蚀的能力。

强度：金属或合金在外力作用下抵抗变形和破坏的能力。

（1）抗拉强度：材料受拉力作用而不被破坏的最大应力，也称强度极限。

（2）比例极限：材料受外力作用，外力与变形成正比时的最大应力。

（3）屈服极限：材料受外力作用，在外力不增加的情况下而材料仍能发生明显塑性变形时的应力。

应力：单位面积（截面积）受的外力。

塑性：金属材料在受力作用下发生明显的变形而不被破坏的性能。有下列几个指标：

（1）伸长率：

$$\delta = (L_1 - L_0)/L_1 \times 100\%$$

式中　L_1——拉伸前试样的原始长度；

　　　L_0——拉断后试样的长度；

　　　δ——伸长率，%。

（2）断面收缩率：

$$\Psi = (F_0 - F_1)/F_0 \times 100\%$$

式中　F_0——拉伸前试样截面积；

　　　F_1——试样拉断后细颈处最小截面积；

　　　Ψ——断面收缩率，%。

（3）道次加工率：

$$\varepsilon = (H_0 - H_1)/H_0 \times 100\%$$

式中　H_0——轧制前坯料的厚度；

　　　H_1——轧制后坯料的厚度；

　　　ε——道次加工率，%。

硬度：金属或合金对磨损和外力所能引起变形的抵抗能力的大小。

结晶：金属或合金是由晶体组成的，金属或合金由液态转变为固态的过程称为结晶，在结晶过程中形成一些不规则的晶体通常称为晶粒。

再结晶：固体金属或合金在受热（升温或变形）到一定温度后，原子活动能力增加，晶粒重新发生变化和破坏，这一过程看起来如同再进行一次结晶，称为再结晶。该温度称为再结晶温度。

晶粒度：晶粒的大小和均匀程度，一般希望或要求晶粒细小而均匀为好。

熔点：在一定压力下，金属或合金的固体和液体呈平衡状态时的温度。

热加工：在再结晶温度以上的加工方式。

冷加工：在再结晶温度以下的加工方式。

加工硬化：随着变形程度的增大，金属或合金的强度、硬度不断提高而塑性、韧性不断下降的现象。

2　铝及铝合金熔炼

铝合金的熔炼是将固体炉料进行加热，使其熔化并熔合成液体的过程。在这个过程中，除了炉料由固态转变为液态外，它还会与炉气、炉衬等发生一系列物理化学作用，其结果不仅影响合金的化学成分，而且还会造成夹渣、气孔、疏松等缺陷。因此正确的熔炼工艺及操作应该是尽量防止金属在熔炼过程中的有害作用，并设法对熔体进行处理使之符合要求。

2.1　熔炼的目的及原理

2.1.1　熔炼的目的

铝合金的熔炼目的，是为了获得合金成分符合要求、纯洁度尽量高、温度适合的金属熔体，供铸轧使用。具体说来，金属熔体应满足如下基本要求：

（1）化学成分均匀且符合要求。合金材料的组织和性能，除了生产过程中的各种工艺因素外，在很大程度上取决于它的化学成分。化学成分均匀是指金属熔体的合金元素分布均匀，无偏析现象；化学成分符合要求是指合金的成分和杂质含量均在国家标准范围内或符合用户要求。此外，为了保证制品的最终性能和在加工过程中的工艺性能，可调整某些成分和杂质含量使之在最佳范围内。

（2）纯洁度要尽量高，即金属熔体内的含气量要尽量低，金属氧化物和其他非金属夹杂物要尽量少，以免金属熔体在后续的铸造时形成气孔、疏松、夹渣等缺陷。

（3）具有较好的流动性。流动性除决定于金属熔体的本身性质外，还与金属熔体的温度有关，为此，必须保证金属熔体控制在适当的温度。

2.1.2　熔炼过程中的物理化学作用

铝是活泼的金属元素，几乎能与所有气体发生反应生成化合物，在常压下，铝及铝合金在熔炼炉内加热和熔炼过程中，随着炉温的升高，它与炉气会发生一系列的物理化学作用。同时，金属熔体与炉衬长时间接触，也会相互作用，引起合金化学成分的变化或炉衬的浸蚀。

电炉炉气成分一般与空气的相同，见表2-1。

表 2-1 电炉炉气成分比例

炉气成分	N_2	O_2	H_2O	CO_2	H_2
质量分数/%	78	21	0 ~ 4	0.03	5×10^{-5}

油炉炉气成分波动大，通常在以下范围内变化，见表 2-2。

表 2-2 油炉炉气成分的变化范围

成 分	N_2	O_2	CO_2	CO	H_2	H_2O	SO_2
质量分数/%	62 ~ 83	0 ~ 5.8	8.7 ~ 12.8	0 ~ 7.2	0 ~ 0.2	7.5 ~ 16.4	0.3 ~ 1.4

2.1.2.1 氢在铝中的溶解

氢是铝及铝合金中最易溶解的气体。铝所溶解的气体，按其溶解能力，其顺序为 H_2、C_mH_n、CO_2、CO 和 N_2，在所溶解的气体中，氢占 85% 以上。

由于氢是结构比较简单的双原子气体，其原子半径很小，故容易溶于金属中。氢在铝中及其合金中的溶解也是依照吸附→扩散→溶解的进程进行。即：

$$H_2 \rightarrow 2H \rightarrow 2[H]$$

氢与铝不起化学反应，而是以离子状态存在于晶体点阵的间隙内，形成间隙式固溶体。

熔体温度越高，则氢分子溶解速度越快，扩散速度也越快，故熔体中氢的溶解度越大。在一个标准大气压下，不同温度时氢在纯铝中的溶解度，如图 2-1 所示。

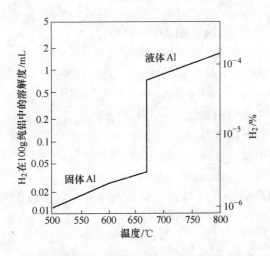

图 2-1 氢在纯铝中的溶解度与温度的关系

不同温度下氢在铝中的溶解度见表 2-3。

表 2-3　不同温度下氢在铝中的溶解度

温度/℃	300	500	660（固态）	660（液态）	750	850
氢在 100g 铝中的溶解度/mL	0.001	0.011	0.034	0.65	1.15	2.01

由图 2-1 和表 2-3 可以看出，在一定的大气压下，在固态时氢几乎不溶于铝，由固态到液态时，氢在铝中的溶解度出现一个突变。这种溶解度急剧变化的特点，决定了铝在凝固时，氢原子从金属中析出成为氢分子，最后以疏松、气孔的形式存在于铸轧板中。

2.1.2.2　铝熔体与氧的作用

在大气压下熔炼时，熔体直接与空气中的氧气接触，产生强烈的氧化作用而生成氧化铝，其反应式为：

$$4Al + 3O_2 =\!=\!= 2Al_2O_3$$

铝经氧化形成氧化膜，造成不可挽回的损失，金属氧化后的这种损失，就是通常所说的氧化烧损。为减少氧化烧损，应尽量降低熔炼温度，缩短熔炼时间，另外还可采用覆盖剂来减少烧损。

2.1.2.3　铝熔体与水的作用

以分子状态存在的水蒸气并不容易被金属吸收，但在接近 250℃ 的温度时，水蒸气会和铝起作用，形成氢氧化物并生成 H_2：

$$2Al + 6H_2O =\!=\!= 2Al(OH)_3 + 3H_2$$

H_2 即按以上所述的溶解机制溶解于铝熔体中。

当温度超过 250℃ 时，水会和铝产生如下反应：

$$2Al + 3H_2O =\!=\!= Al_2O_3 + 6[H]$$

所分解出来的 [H] 原子，即溶解在金属熔体中。

当温度达到 400℃ 以上时，$Al(OH)_3$（铝锈）会分解：

$$2Al(OH)_3 =\!=\!= Al_2O_3 + 3H_2O$$

分解产生的水又会和铝发生反应，生成杂质。

水分的来源有如下几方面：

（1）空气中有大量的水蒸气，尤其是在潮湿季节，空气中水蒸气的含量更大。

（2）原材料中带来的水分。

（3）耐火材料内和耐火材料表面吸附的水分，以及砖泥浆的水分，在烘炉不彻底时，对熔体中气体含量将有明显的影响。

2.1.2.4　铝熔体与氮的作用

氮在铝中的溶解度很小，几乎不溶于铝。但在超过 800℃ 时，铝可能与氮结合成氮化物：

$$2Al + N_2 === 2AlN$$

氮化物形成了非金属夹渣，不仅影响金属的纯洁度，还可直接影响合金的抗腐蚀性和组织上的稳定性，这是由于氮化物不稳定，见水后，马上由固态分解成氢氧化铝和氨气：

$$AlN + 3H_2O === Al(OH)_3 + NH_3 \uparrow$$

2.1.2.5 铝熔体与有机物的反应

油脂与某些有机涂层是复杂结构碳氢化合物，与铝熔体接触会产生如下反应，形成氢，也是氢的来源之一。

$$8mAl + 6C_mH_n === 2mAl_4C_3 + 3nH_2$$

2.1.3 夹杂的来源及减少夹杂的途径

2.1.3.1 杂质的来源

金属中的杂质除来自金属炉料外，在熔炼过程中还可能从炉衬、炉渣或炉气中吸收及与操作工具相互作用。

（1）从炉衬中吸收杂质。在熔炼过程中，金属与炉衬作用包括物理作用和化学作用。在高温下，炉衬因炉内金属熔融状态而需承受高温和高压，炉衬材料熔蚀破损，某些杂质进入金属液内。金属与炉衬化学反应作用如下：

$$3SiO_2 + 4Al === 2Al_2O_3 + 3Si$$
$$3FeO + 2Al === Al_2O_3 + 3Fe$$
$$Fe_2O_3 + 2Al === Al_2O_3 + 2Fe$$

由以上反应可以看出，金属与炉衬之间的作用会导致铝液中氧化夹杂和影响硅、铁的含量。

（2）从炉气中吸收杂质。如 Al、Mg 与炉气作用生成 Al_2O_3 和 MgO，造成氧化夹渣。

（3）从熔剂和熔炼添加剂中吸收杂质。熔剂选用不当时，不仅精炼及保护作用不佳，有时反而会使熔剂中的某些元素进入熔体中，增加杂质含量。几种铝合金复合熔剂的化学成分见表2-4。

表 2-4 几种铝合金复合熔剂的化学成分

熔剂种类	质量分数/%							生产方法
	KCl	NaCl	Na_3AlF_6	$MgCl_2$	$BaCl_2$	$NaCl + CaCl_2$	H_2O	
一号	40~50	25~35	18~26	—	—	—	<1.5	熔合
二号	32~40	—	—	38~46	5~8	<10	<2	熔合
三号	50	50	—	—	—	—	<3	混合

一号和三号熔剂广泛用于高镁合金外的所有合金，二号熔剂主要用于高镁合金。

（4）从炉料及炉渣中吸收杂质。炉料如不清洁，会增加夹渣。含有水分，在熔炼时，会与铝发生反应生成 Al_2O_3 夹渣。

2.1.3.2　减少杂质的途径

为减少杂质对金属的污染，可采用如下措施：根据所熔炼金属或化学性质不同，选用化学稳定性高的耐火材料，铝合金宜选用高铝耐火炉衬；所有与金属炉料接触的工具，尽可能采用不会带入杂质的材料制作，或用适当涂料进行保护；注意辅助材料的选用；加强炉料管理，杜绝混料现象。

2.1.4　气体的存在形态及来源

2.1.4.1　气体的存在形态

气体在铝液中有三种存在形态：固溶体、化合物和气泡。

气体和其他元素一样，多以原子状态溶解于金属晶格内，形成固溶体。超过溶解度的气体及不溶解的气体，以气体分子形态吸附于固体夹渣上，或以气泡形态存在。若气体与金属中某元素间的化学亲和力大于气体原子间的亲和力，则可与该元素形成化合物。

在熔炼过程中，最常与金属熔体接触且危害较大的化合物是水蒸气，其次是 SO_2、CO、CO_2 等。水蒸气与金属反应产生的氢和氧易为金属吸收。

研究表明，溶解于金属熔体中的气体主要是氢，故一般所谓金属吸气，主要指的是吸氢。金属中的含气量，也可近似地视为含氢量。因此，脱气精炼主要是指从熔体中除去氢气。

2.1.4.2　氢气的来源

大气中，氢的分压极其微小。可以认为，除了金属原料本身含有气体外，金属熔体中的气体主要来源于与熔体接触的炉气以及熔剂、工具带入的水分和碳氢化合物等。

（1）炉料。金属炉料中一般都溶解一定量的气体，表面有吸附的水分，电解金属上残留有电解质，加工车间返回的料上大都含有油、水及乳状液等。外来废料液有水垢、腐蚀物及锈层等。特别是在潮湿季节或露天堆放时，炉料表面吸附的水分就更多。

（2）炉气。非真空熔炼时，熔炼炉的炉内气氛，是最主要的气体来源之一。炉内气氛中往往含有不同比例的氢、氧、水蒸气、二氧化碳、一氧化碳等。

（3）耐火材料。耐火材料表面附有水分，停炉后残留炉渣及熔剂极易吸附水分。若熔炼时未彻底去掉这些水分，将使金属液大量吸气，尤其是新炉开始生产时更为严重。

（4）熔剂。许多熔剂都含有结晶水，精炼用气体中也含有水分。为减少气体来源，熔剂和精炼用气体均应进行干燥或脱水处理。

（5）操作工具。与熔体接触的操作工具表面吸附有水分，烘烤不彻底时，也会使金属吸气。

2.2　熔体净化的目的及原理

2.2.1　铝熔体净化的目的

由于炉料和铝合金液在熔炼及转送过程中吸收气体，产生夹杂物，使合金液的纯度降低，流动性变差，凝固后易产生疏松、气孔、夹渣等多种质量缺陷，影响其力学和加工工艺性能、抗腐蚀性能、气密性能、阳极氧化性能及外观质量。故必须在铸轧前对其进行净化处理，目的是排除熔体中的气体和各种有害夹杂物，获得纯度高的铝合金熔体。

采用电解铝液加一定比例冷料的方式生产铝铸轧卷时，电解铝液温度一般在900~1000℃，属于过热金属，铝液中晶核数目较少，因此需要添加冷料进行降温。同时，其含氢量较大，在900℃时为每100g铝含氢2.01mL，并且杂质含量高，除含有Fe、Si等杂质元素外，还含有冰晶石、氟化盐、碳渣等金属和非金属化合物，因此熔炼时间不能过长，并且在转炉后需要进行二次除气。

2.2.2　熔体净化方法分类

按净化的部位可分为：

（1）炉内处理（炉内净化）：气体精炼、熔剂处理、真空处理等。

（2）炉外净化：SNIF法（Spinning Nozzle Inert Gas Flotation）、Apur法（Aluminum Purifier）、陶瓷泡沫过滤法等。

按习惯分法可分为：

（1）熔剂覆盖和气体保护：即在熔炼过程中，对处于熔化过程的金属及熔体表面或空间用熔剂覆盖或惰性气体保护，防止金属氧化和吸气。

（2）精炼：在熔炼后期或铸轧之前，用熔剂或某些气体或其他方法对熔体进行处理，达到除气除渣的目的。

（3）过滤：在铸轧前，让熔体通过某种过滤物质或装置，达到除气除渣的目的。

2.2.3　气体精炼法

气体精炼法又称气体净化法，是向金属熔体内吹入气体作为精炼剂，达到降低含气量，减少熔体内各种非金属夹杂物的一种方法。它又可分为惰性气体精炼法、活性气体精炼法、混合气体精炼法等。处理的部位，有的在炉内处理，如氯气精炼，氮氯混合气体精炼等。有的在作业线上处理，如 SNIF 法（Spinning Nozzle Inert Gas Flotation），Apur 法（Aluminum Purifier）等。

2.2.3.1　惰性气体精炼法

惰性气体是指不与铝熔体和溶解于熔体中的气体发生化学反应，并且它本身也不溶解于熔体之中的气体。如氩气（Ar）、氦气（He）等，氮气（N_2）也可认为是惰性气体，因为氮气在温度低于 800℃时，很少与铝起反应，也不溶于铝中。由于氩气和氦气价格昂贵，回收装置技术复杂，多不使用。多数铝加工企业主要采用氮气进行精炼。

N_2 除气机理是利用分压差除气，如图 2-2 所示。

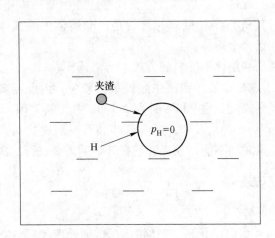

图 2-2　N_2 精炼净化机理

向熔体中吹入氮气时，气泡中的氢分压为零，即 $p_{H_2气} = 0$，此时在气泡和铝液中存在一个氢分压差，由于气泡本身的动能，气泡会不断上升，在上升的过程中，本身存在的分压差 p 会使溶于金属液中的氢原子被吸入到气泡中，这一吸入过程直至气泡中的氢分压和铝液中氢的分压差相等，即 $p_{H_2气} = p_{H_2液}$ 为止。此时气泡逸出液面进入大气中。

另外，气泡在铝液中通过时，由于气泡本身表面分子的范德华力会吸附铝液中的夹杂物一起上浮，直到逸出液面。由此可见，在去除气体的同时也清除了夹杂物。

但是，工业用惰性气体中常含有少量 O_2 及 H_2O，不仅会使熔体氧化和吸气，还会在气泡和铝液界面形成 Al_2O_3 膜，阻碍 H 向气泡内扩散而降低除气效果，故惰性气体在导入熔体前必须进行脱水处理和净化处理，纯度必须达到99.99%以上。

2.2.3.2 活性气体精炼法

用于铝及铝合金精炼用的活性气体，是指该气体能与熔体中的气体发生化学反应，反应生成物不溶于熔体中。常用的活性气体有氯气和四氯化碳。

氯气的除气过程为：

$$3Cl_2 + 2Al \Longrightarrow 2AlCl_3 \uparrow$$
$$Cl_2 + 2H \Longrightarrow 2HCl \uparrow$$

四氯化碳的精炼机理为：

$$2CCl_4 \Longrightarrow C_2Cl_4 + 2Cl_2 \uparrow$$
$$4Al + 3C_2Cl_4 \Longrightarrow 4AlCl_3 \uparrow + 6C$$
$$2Al + 3Cl_2 \Longrightarrow 2AlCl_3 \uparrow$$
$$Cl_2 + 2H \Longrightarrow 2HCl \uparrow$$

生成的 $AlCl_3$ 沸点只有183℃，因此一旦生成便成为蒸气，以细小的气泡形式上浮，同时它又不溶于铝熔体中，在上浮过程中起到了惰性气体除气除渣的作用。HCl 气泡同样起到了惰性气体除气除渣的作用。

氯气和四氯化碳的净化效果很好，并且有除钠的作用。但如果吹入得过快，气体来不及发生反应就逸出液面，呈一缕缕黄绿色气体散布于熔池表面。由于氯气和四氯化碳对人体有害，HCl 又有强烈的腐蚀作用，因此必须有良好的通风排烟装置。

2.2.3.3 混合气体精炼法

由上述可知，氮气和氯气单独使用时都有很大的缺点。如果把氮气和氯气按一定的比例混合起来使用，可发挥它们各自的优点。

氮-氯混合气体采用10%氯气和90%氮气效果最好。但现在为了减少环境污染，工业上普遍采用2%～5%的氯气，从使用效果来看差异不大，这对于减少环境污染是极为有利的。混合气体的净化效果比惰性气体好，是因为有氯参加的反应为放热反应，气体总体积增加，且生成的 $AlCl_3$ 气泡细小，从而使金属熔体和气泡间界面积增大，提高了净化效果。同时，采用少量氯气也比较安全。

2.2.4 熔剂精炼法

铝合金中多数氧化物的密度比铝液密度大，易沉降在熔池中液体的下部。但有些附着氢气泡的氧化物颗粒悬浮在熔体中，有些疏松多孔的 MgO 和条片状 Al_2O_3 膜，虽漂浮在熔体的表面，而在搅拌和转送过程中很容易混入熔体内。除去这些夹杂物的熔剂密度要小，撒在铝液表面或压入熔体中，使氧化夹杂物被熔剂吸附和溶解结成渣块上浮并漂浮在熔体表面，这就是浮选造渣的过程。

熔剂的精炼机理，主要是利用组成熔剂的氯盐和氟盐的吸附、溶解和化学作用达到除渣和除气的目的。

2.2.4.1　吸附作用

当熔剂加入铝及铝合金熔体中，熔化后形成连续或分散的融盐流和液滴，由于熔剂的密度比熔体小、对非金属夹杂物的表面张力小，溶剂在熔体中上浮时遇到非金属夹杂物颗粒，非金属夹杂物被润湿，吸附在熔剂滴上上浮到液面，达到除渣的作用。而熔剂对铝液的界面上表面张力大，不润湿。这种造渣方式称为浮选造渣法。

熔剂的吸附能力主要取决于组成成分。在其他相同的条件下，一般熔融的氯化物吸附性能比氟化物好，KCl 和 NaCl 的混合物比纯盐好。而在 KCl 和 NaCl 的混合物中加氟化物（如冰晶石 Na_3AlF_6）就大大增强了熔剂的吸附能力，所以在精炼用的多数熔剂中，都要加入 20% 左右的冰晶石。

2.2.4.2　溶解作用

一般氯盐对 Al_2O_3 的溶解性能不大，通常不大于 1.42%。如果在熔剂中加入冰晶石，则使熔剂溶解夹杂物，特别是溶解 Al_2O_3 的能力大大增强。

当熔剂的分子结构与某些氧化物的分子结构及化学性质相似时，在一定的温度下可产生互溶，如阳离子相同的 Al_2O_3 与 Na_3AlF_6 具有一定的互溶能力。在 KCl 和 NaCl 的混合物中加入 10% 的 Na_3AlF_6，能溶解 0.15% 的 Al_2O_3，随着冰晶石含量的增加，Al_2O_3 的溶解度也随之增加。

在温度较高时，冰晶石溶解 Al_2O_3 的能力较强，冰晶石在熔剂的组成中被认为是溶解 Al_2O_3 最好的盐类。

由于非金属夹杂物溶解于熔剂的速度是很慢的，而且熔剂滴的上浮速度又较快，所以熔剂除去非金属夹杂物主要依靠的是吸附作用。

2.2.4.3　化学作用

在高温下，许多氯化物可以与铝熔体发生反应：

$$Al + 3MeCl \longrightarrow AlCl_3 \uparrow + 3Me$$

式中，Me 表示金属。生成的 $AlCl_3$ 蒸气即按惰性气体进行除气除渣作用。

同时熔剂中的冰晶石也可以与 Al_2O_3 形成造渣反应：

$$4Al_2O_3 + 2Na_3AlF_6 \Longrightarrow 3Na_2O \cdot Al_2O_3 + 4AlF_3 \uparrow$$

生成的气体 AlF_3 也按惰性气体进行除气除渣作用。因此，利用熔剂对熔体进行精炼，不仅能排除熔体中的氧化夹杂物，而且同时达到除气的目的。

因氯盐都有吸潮特点，使用前应注意脱水和保持干燥。

2.2.5 炉外连续精炼

2.2.5.1 FILD 法（Fumeless In-Line Degassing）

FILD 法是由英国铝业公司（BACO）研制成功的连续净化方法。它由一个坩埚或耐火砖衬里的容器组成，一块隔板将坩埚分为二室，从静置炉流出的铝熔体首先进入第一室，在熔剂覆盖下进行除气，净化气体为氮气。第一室底部有一层包有熔剂的氧化铝球，进行第一次除夹杂物处理；第二室底部的氧化铝球未包覆熔剂，可除去熔剂和进一步除去夹杂物。FILD 熔体处理装置如图 2-3 所示。

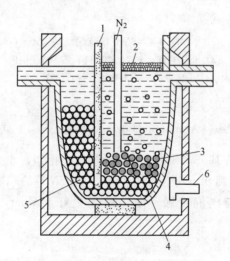

图 2-3　FILD 熔体处理装置

1—隔板；2—熔剂；3—包有熔剂的氧化铝球；
4—坩埚；5—氧化铝球；6—加热烧嘴

2.2.5.2 SNIF 法（Spinning Nozzle Inert Gas Flotation）

此方法是美国联合碳化公司研制的。此法无过滤装置，有两个净化处理室和两个旋转的石墨制的喷嘴。熔体通过流槽由静置炉流入第一净化室，第一旋转喷嘴对它进行强力净化，喷出的气体形成细小气泡弥散于熔体中。搅拌时涡流使气泡与金属间的接触面积增大，从而为除气、造渣并聚集上浮创造了有利条件。然后，金属液流过隔板，进入第二净化室，接受第二个喷嘴的净化处理，从而使熔体得到进一步净化。吹入的气体为氮气和氩气，为提高净化效果可加入 2% ~ 5% 的氯气，并添加少量的熔剂。SNIF 精炼法结构如图 2-4 所示。

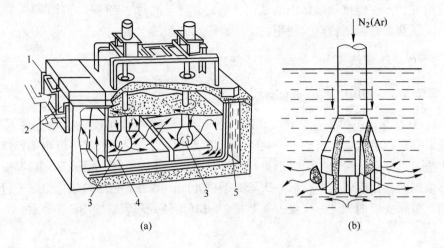

图 2-4　SNIF 精炼法结构

（a）SNIF 精炼法装置结构；（b）石墨转子结构

1—入口；2—出口；3—旋转喷嘴；4—石墨管；5—发热体

2.2.5.3　Alpur 法（Aluminum Purifier）

Alpur 法是法国普基公司研制的，与 SNIF 法相似，也是利用旋转喷嘴，使精炼气体呈微细气泡喷出，分散于熔体中。与 SNIF 的喷嘴不同，它同时能搅动熔体进入喷嘴内与气泡接触，净化效果更好。Alpur 的喷嘴结构如图 2-5 所示。

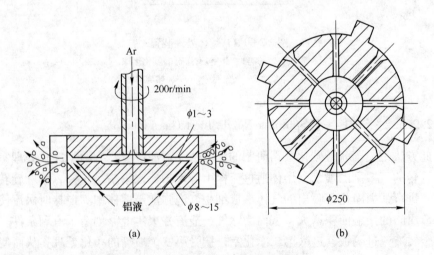

图 2-5　Alpur 的喷嘴结构

（a）精炼过程；（b）喷嘴尺寸

2.2.6 熔体的过滤

2.2.6.1 铝合金熔体的过滤方法

过滤是让铝熔体通过用中性或活性材料制造的过滤器，以分离悬浮在熔体中的固态夹杂物为目的的净化方法。

按过滤材质可分为三类：网状材料过滤（如玻璃布、金属网）、块状材料过滤（如松散颗粒填充床、陶瓷过滤器、泡沫陶瓷过滤器）和液体层过滤（如熔剂层过滤、电熔剂精炼）。多数铝加工企业采用泡沫陶瓷过滤器进行熔体过滤。

2.2.6.2 泡沫陶瓷过滤器

泡沫陶瓷过滤器是一种具有海绵状结构的开孔网状物，以泡沫陶瓷作为过滤介质的过滤装置。它是将泡沫陶瓷安装在静置炉和轧机之间的流槽内而构成。铝水从静置炉经过滤器过滤后流向轧机。图 2-6 是泡沫陶瓷过滤器的工作示意图。

泡沫陶瓷过滤器的过滤机制为深床过滤机制。过滤时，熔体在静压力作用下沿着曲折沟道和孔隙流动，所含的夹杂物在沉积作用、直接拦截作用、流体动力作用、布朗扩散作用等捕获机理的共同作用下（前两种为基本作用），与过滤介质内表面相接触，并受到流体轴向压力、摩擦力、表面吸附力等阻滞力的作用，被牢固地截留于陶瓷材料的孔洞内表面、缝隙或洞穴处，从而与熔体分离，达到熔体净化的目的。图 2-7 为深床过滤机制示意图。

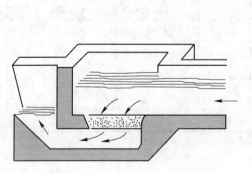
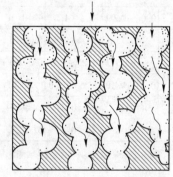

图 2-6 泡沫陶瓷过滤器工作示意图　　图 2-7 深床过滤机制示意图

实际使用的泡沫陶瓷的孔隙特性：孔洞数为 10~45 孔/英寸（目）；孔隙度为 85%~90%；体积密度为 0.35~0.40g/cm^3；透气度为（1000~2000）× 10^{-7}cm^2；陶瓷板的厚度为 20~100cm。泡沫陶瓷的流量特性取决于孔隙特性和陶瓷板的尺寸。

由上可知，泡沫陶瓷过滤器具有过滤精度高、过滤效率高、质量轻、占地面积小、使用方便等优点。

过滤前应将泡沫陶瓷用辐射式加热器或煤气吹管加热至接近熔体温度，以保证前液流至泡沫陶瓷时不致有金属凝固而堵死孔洞。

过滤板使用一段时间后会在两面产生液位差，当液位差达到 20mm 时应进行更换。

2.3　熔炼和精炼操作技术

2.3.1　铝液配制

常见铝合金产品化学成分见表 2-5。

表 2-5　常见铝合金产品化学成分　　　　　　　（质量分数/%）

牌　号	Si	Fe	Cu	Ti	Mn	Mg	Zn	Ni	Al
1235	0.12~0.20　　0.53~0.60	0.4~0.55	≤0.005	≤0.03	≤0.01	≤0.01	≤0.02	≤0.01	余量
1100	≤0.12　　Si+Fe：≤0.95	0.30~0.45	0.06~0.1	≤0.03	≤0.05	≤0.01	≤0.10	≤0.01	余量
1200	Si+Fe：1.0		0.05	0.05	0.05		0.1		余量
1070	0.08~0.10	0.12~0.15	0.04	0.015~0.02	≤0.01	≤0.01	0.005	≤0.01	余量
1060	0.25	0.35	0.05	0.03	0.03	0.03	0.05		余量
8011	0.55~0.65	0.75~0.85	≤0.03	≤0.04	≤0.01		≤0.02		余量
8377	0.06~0.09	1.1~1.3	≤0.01	≤0.01			≤0.02		余量
3003	≤0.15	0.4~0.6	0.06~0.1	≤0.03	1.05~1.15		≤0.02		余量
3003+Zn	≤0.15	0.25~0.6	0.06~0.1	≤0.04	1.05~1.25	≤0.01	1.35~1.65		余量
3102	0.08~0.10	0.25~0.30	≤0.01	0.25~0.35	0.16~0.20		≤0.02		余量
5052	≤0.25	≤0.4	≤0.1		≤0.1	2.2~2.8	≤0.1		余量
5754	≤0.4	≤0.4	≤0.1		≤0.5	2.6~3.6	≤0.2		余量

注：客户有特殊要求的，以要求为准。

2.3.1.1　备料

铝及铝合金熔炼时炉料组成大致为：电解铝液、回炉料、中间合金。

（1）电解铝液。铝及铝合金都是在熔炼纯金属的基础上，加入所需其他合金元素熔制而成。电解铝液温度一般在 900~1000℃，属于过热金属，铝液中晶核数目较少，因此需要添加回炉料进行降温。

（2）回炉料。回炉料可以分为本厂废料和厂外回收废料。本厂废料来源于各工序产生的加工余料和废料。废料都应按品位、成分分类摆放。

（3）中间合金。熔炼合金时，合金元素的加入方式一般有两种。一种是以纯金属直接加入熔体，另一种是将合金元素预先制成中间合金，再以中间合金的形式加入熔体中。

加入中间合金的目的：（1）便于加入难熔组元。如果合金元素的熔点远高于基体金属，则应先制成中间合金，以降低合金元素熔点，从而能够在正常的熔炼温度下通过合金化而顺利地熔化。（2）为了加入某些稀贵元素如 Zr、Be、Mo、V、B 等。常利用容易获得的这些元素的化合物，用铝热还原法将这些元素加入铝液。（3）获得化学成分尽可能准确的合金。合金元素本身极易挥发、氧化，直接以纯元素入炉会引起严重烧损，化学成分难以控制，宜预先制成中间合金，以获得化学成分准确的合金。

对中间合金的基本要求：中间合金应具有适宜的熔点，中间合金的熔点最好等于或接近于铝合金的熔炼温度，以避免熔体过热。难熔合金元素尽可能提高，中间合金中难熔元素含量高，中间合金使用的数量就少，进入铝合金中的有害杂质也越少，从而易保证合金质量。化学成分均匀，熔制中间合金尽量防止成分偏析，成分不均匀会给配料带来困难，使铝合金成分难以控制。此外，中间合金成分应稳定，不随时间而改变，贮存时，要防止腐蚀和氧化。气孔、非金属夹杂含量尽量低。易于破碎，便于配料。

2.3.1.2 配料

对杂质含量要求严的合金，或使用了杂质较多的废料，就要计算杂质。在计算由炉料带入的杂质元素时，若该元素是合金之一，则取下限计算；若为杂质，则按上限计算。如某种铝锭含 Si 0.11% ~0.15%，当配制 8011 合金时，Si 是合金元素，可按 0.11% 计算；当配制 3003 铝合金时，Si 是杂质元素，应按 0.15% 计算。

配料计算程序如下：首先计算包括熔损在内的各成分需要量，其次计算由废料带入的各成分量，再计算所需中间合金和铝液量，最后核算。

计算应符合下列公式：

$$G \times w(a) = G_1 \times w(a)_1 + G_2 \times w(a)_2 + G_3 \times w(a)_3 + \cdots + G_n \times w(a)_n$$

式中　　G——炉料总量，t；

$w(a)$——某一元素的要求配制质量分数，%；

G_n——第 n 种炉料质量，t；

$w(a)_n$——第 n 种炉料中 a 元素的质量分数，%。

配料计算举例：

例1：车间现有如下铝资源，见表2-6，请配 10t 的 3003 铝液。

表 2-6 现有资源

序号	资源	质量/t
1	铝液	6.5
2	3003 冷料	0.6
3	1100 冷料	0.9
4	1060 冷料	5.0

另外，Fe 剂实收率是 75%，Mn 剂实收率是 70%，Cu 以 98% 的纯铜加入，必须优先使用 2 号、3 号冷料。3003 及所有资源化学成分见表 2-7。

表 2-7　3003 及所有资源化学成分　　　　　（质量分数/%）

项目		Cu	Mg	Mn	Fe	Si	Zn	Ni	Ti	杂质总和	用量/t
3003	客户标准	0.06~0.1	≤0.01	1.05~1.15	0.4~0.6	≤0.15	≤0.02	≤0.01	≤0.03	≤0.25	
	计算成分	0.08	0.008	1.1	0.5	0.1	0.02	0.008	0.02		
铝液					0.10	0.05					
3003		0.08	0.008	1.1	0.5	0.1	0.01	0.008	0.02		0.6
1100		0.08	0.01	0.05	0.4	0.1	0.1	0.01	0.03		0.9
1060		0.05	0.03	0.03	0.35	0.25	0.05		0.03		2
纯铜		98								2	
Fe 剂					100						
Mn 剂				100							

冷料选择比例为 35%，即冷料量为 3.5t：3003 铝合金冷料 0.6t，1100 冷料 0.9t，1060 铝合金冷料 2t。

（1）按计算成分计算各元素需要量及杂质量：

主要成分：Cu：$10000 \times 0.08\% = 8\text{kg}$

Mn：$10000 \times 1.1\% = 110\text{kg}$

Fe：$10000 \times 0.5\% = 50\text{kg}$

杂质：Mg：$10000 \times 0.008\% = 0.8\text{kg}$

Si：$10000 \times 0.1\% = 10\text{kg}$

Zn：$10000 \times 0.02\% = 2\text{kg}$

Ni：$10000 \times 0.008\% = 0.8\text{kg}$

Ti：$10000 \times 0.02\% = 2\text{kg}$

（2）计算冷料带入的元素量：

主要成分：Cu：$600 \times 0.08\% + 900 \times 0.08\% + 2000 \times 0.05\% = 2.2kg$

　　　　　Mn：$600 \times 1.1\% + 900 \times 0.05\% + 2000 \times 0.03\% = 7.65kg$

　　　　　Fe：$600 \times 0.5\% + 900 \times 0.4\% + 2000 \times 0.35\% = 13.6kg$

杂质：Mg：$600 \times 0.008\% + 900 \times 0.01\% + 2000 \times 0.03\% = 0.738kg$

　　　Si：$600 \times 0.1\% + 900 \times 0.1\% + 2000 \times 0.25\% = 6.5kg$

　　　Zn：$600 \times 0.01\% + 900 \times 0.1\% + 2000 \times 0.05\% = 1.96kg$

　　　Ni：$600 \times 0.008\% + 900 \times 0.01\% = 0.138kg$

　　　Ti：$600 \times 0.02\% + 900 \times 0.03\% + 2000 \times 0.03\% = 0.99kg$

（3）计算添加剂加入量：

Mn 剂加入量：$(110 - 7.65) \div 70\% = 146.2kg$

Cu 剂加入量：$(8 - 2.2) \div 98\% = 5.92kg$

设 Fe 剂加入量为 x kg，则铝液加入量应为 $(6500 - 146.2 - 5.92 - x)$ kg，根据 Fe 含量，可有下式：

$$0.75x + (6500 - 146.2 - 5.92 - x) \times 0.10\% = 50 - 13.6$$

得到 Fe 剂加入量为：40.12kg

铝液加入量为：6307.76kg

（4）核算：

核算总量：$3500 + 6307.76 + 146.2 + 5.92 + 40.12 = 10000kg$

总量符合。

核算 Fe 含量：$Fe = 40.12 \times 75\% + 6307.76 \times 0.1\% + 13.6 = 50kg$

Fe 含量符合。

核算杂质含量：$Mg = 0.738kg < 0.8kg$

　　　　　　　$Si = 6307.76 \times 0.05\% + 6.5 = 9.65kg < 10kg$

　　　　　　　$Zn = 1.96kg < 2kg$

　　　　　　　$Ni = 0.138kg < 0.8kg$

　　　　　　　$Ti = 0.99kg < 2kg$

杂质总量：$0.738 + 9.65 + 1.96 + 0.138 + 0.99 + 5.92 \times 2\% = 13.5944kg < 10000 \times 0.25\% = 25kg$

核算表明，计算正确，可以投料。

例 2：配制一炉 10t 的 2024 铝合金。

根据国家标准和制品要求，确定计算成分。合金元素 Cu、Mg、Mn 基本上可取平均成分做计算成分。考虑到保证使用性能和工艺性能的要求，Cu、Mg、Mn 分别取 4.60%、1.55%、0.70%。杂质 Fe、Si 分别控制在 0.45% 和 0.35% 以下。2024 中杂质总和较多，故可用较多废料，现取新旧料比为 60:40。2024 和炉料成分列于表 2-8 中。

表2-8 2024及所选炉料的化学成分 （质量分数/%）

项 目		Cu	Mg	Mn	Fe	Si	Zn	Ni	Al	杂质总和	用量
2024	国家标准	3.8~4.9	1.2~1.8	0.3~0.9	≤0.5	≤0.5	≤0.3	≤0.1	余量	≤1.5	
	计算成分	4.60	1.55	0.70	0.45	0.35	0.2	0.1	余量		
2024		4.35	1.50	1.60	0.5	0.5	0.3	0.1	余量		40
Cu-3 纯铜板		99.7	—	—	0.05	—	—	0.20	—	0.3	
Mg-3 镁锭		0.02	99.85	—	0.05	0.03	—	0.002	0.05	0.15	
Al-Mn 中间合金		0.02	0.05	10.0	0.60	0.60	0.3	0.1	88.5	1.5	
Al-2 原铝锭		0.01	—	—	0.10	0.13	—	—	99.7	0.30	

（1）按计算成分计算各元素需要量及杂质量：

主要成分：Cu：$10000 \times 4.6\% = 460$kg

     Mg：$10000 \times 1.55\% = 155$kg

     Mn：$10000 \times 0.7\% = 70$kg

杂质：Fe：$10000 \times 0.45\% = 45$kg

   Si：$10000 \times 0.35\% = 35$kg

   Zn：$10000 \times 0.2\% = 20$kg

   Ni：$10000 \times 0.1\% = 10$kg

杂质总和：$10000 \times 1.5\% = 150$kg

（2）2024一级废料中带入各成分的元素量：

   Cu：$4000 \times 4.35\% = 174$kg

   Mg：$4000 \times 1.50\% = 60$kg

   Mn：$4000 \times 0.60\% = 24$kg

   Fe：$4000 \times 0.50\% = 20$kg

   Si：$4000 \times 0.5\% = 20$kg

   Zn：$4000 \times 0.3\% = 12$kg

   Ni：$4000 \times 0.1\% = 4$kg

杂质总和：$4000 \times 1.5\% = 60$kg

（3）计算所需中间合金及新金属量：

   Cu 板：$(460 - 174) \div 99.7\% = 287$kg

   Mg 锭：$(155 - 60) \div 99.85\% = 95$kg

   Al－Mn：$(70 - 24) \div 10\% = 460$kg

   Al 锭：$10000 - (4000 + 287 + 95 + 460) = 5158$kg

（4）核算：

核算各种炉料的装入量之和与配料总量是否相符，炉料中各元素的加入量之和与合金中各该元素需要量是否相等。

计算杂质及杂质总量是否在允许范围内：

Fe：$20 + 0.14 + 0.05 + 2.74 + 8.25 = 31.18 < 45kg$

Si：$20 + 0.03 + 2.74 + 6.7 = 29.47 < 35kg$

Zn：$12 + 1.38 = 13.38 < 20kg$

Ni：$4 + 0.57 + 0.002 + 0.46 = 5.032 < 10kg$

杂质总和：$60 + 0.86 + 0.14 + 6.9 + 15.5 = 83.4 < 150kg$

核算表明，计算基本正确，可以投料。如果核算结果不符合要求，则需复查计算数据，或重新选择炉料及料比，再进行计算，直到核算正确为止。

进铝时，要考虑补加固体料的量，铝液液面低于熔炼炉炉门（低端）10cm左右，以便于熔炼操作，要防止铝液漫炉。

添加时动作要轻、要断电，不许两炉门同时添加，防止铝液溅到加热元件或溅出伤人。铝锭、冷料由生产班组添加；合金或合金添加等中间合金由铝液调配人员添加。

按熔炼工艺进行操作，保证铝液温度及化学成分的均匀，熔炼温度满足生产需求。

待炉料完全熔化后在熔炼炉取炉前样进行成分预分析，如不能满足要求再次进行计算复核配料，直至达到要求。

2.3.2 熔炼、精炼技术

2.3.2.1 烘炉

所有炉子在断电 5 天后重新使用前必须烘炉，烘炉严格按烘炉制度进行。烘炉制度见表 2-9。新修炉烘炉升温曲线见图 2-8。长期停炉烘炉升温曲线见图 2-9。短期停炉烘炉升温曲线见图 2-10。

表 2-9　烘炉制度

序号	加热温度/℃	保温时间/h			加热方式	炉门状况
		新修炉	长期停炉（大于 30 天）	短期停炉（小于 30 天）		
1	室温	自然干燥	—	—	—	开门
2	100	20	10	8	柴火	开门
3	150	24	—	—	柴火	开门
4	200	30	10	8	硅碳棒	开门
5	250	20	8	8	硅碳棒	开门
6	300	20	16	10	硅碳棒	开门
7	350	16	8	8	硅碳棒	开门

续表 2-9

序号	加热温度/℃	保温时间/h			加热方式	炉门状况
		新修炉	长期停炉（大于 30 天）	短期停炉（小于 30 天）		
8	400	16	—	—	硅碳棒	开门
9	450	8	8	8	硅碳棒	关门
10	500	8	6	6	硅碳棒	关门
11	550	8	5	2	硅碳棒	关门
12	600	8	5	—	硅碳棒	关门
13	650	8	5	2	硅碳棒	关门
14	700	8	5	—	硅碳棒	关门
15	750	8	5	2	硅碳棒	关门
16	800	4	5	2	硅碳棒	关门
17	850	2	2	2	硅碳棒	关门
18	900	2	2	2	硅碳棒	关门
19	合计	210	100	68		

注：1. 150℃以下升温速度控制在 6℃/h（即每 50℃升温时间 9h），150～400℃升温速度控制在 10℃/h（即每 50℃升温时间 5h）；

2. 150℃以下用柴火缓慢地加热，150℃保温结束后扒出木灰改用电烘炉；

3. 在 500℃以前硅碳棒视温度情况采用多区交替开启的方式升温，500℃以后采用多区同时开启的方式升温；

4. 新修炉自然干燥时间夏天不小于 30 天，冬天不小于 15 天。

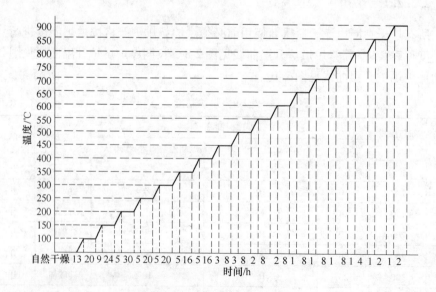

图 2-8 新修炉烘炉升温曲线

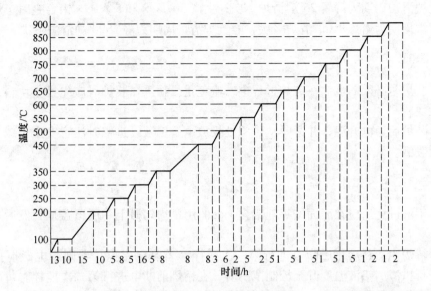

图 2-9 长期停炉烘炉升温曲线

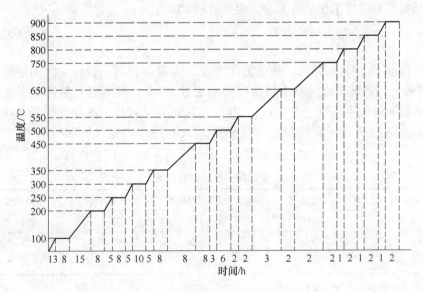

图 2-10 短期停炉烘炉升温曲线

2.3.2.2 清炉

定期进行清炉。清炉时清理干净炉膛内的渣及其他脏物。根据合金成分不同，生产 1×××和 8×××铝合金时，熔炼炉清炉周期为熔炼 15 炉清炉 1 次，静置炉清炉周期为静置 25 炉清炉 1 次；生产 3×××和 5×××铝合金时，熔炼炉清炉周期为熔炼 10 炉清炉 1 次，静置炉清炉周期为静置 20 炉清炉 1 次。

2.3.2.3   装炉

装炉时必须断电。在装炉过程中，避免重投猛丢。装炉时应先投小块料，再投大块料。

装炉后通电升温，并适时从炉门处投放电解铝液。进铝时注意安全、减少铝液的泼洒。

2.3.2.4   铝液熔炼

铝液进完后应在表面按每吨铝含 1kg 的用量均匀撒上一层覆盖剂，然后通电熔炼。

待炉内冷料熔化后断电进行第一次搅拌（若有电磁搅拌器则用电磁搅拌），并进行扒渣。铝液温度升至控制范围时，在精炼前断电进行第二次搅拌。每次搅拌前应将工具预热 3min 以上，搅拌要平稳、缓慢，确保覆盖整个炉子底部，同时液面产生的波浪高度不能超过 50mm，每次搅拌时间不少于 3min。用电磁搅拌时，观察电磁搅拌工作是否正常，搅拌时间 15min。

2.3.2.5   铝液精炼

转炉前 1h 内进行精炼，精炼温度按表 2-10 进行控制，精炼剂使用量为每吨铝含 2kg。用氮气精炼时铝液翻腾高度不超过 50mm，用氮气和精炼剂混合精炼时铝液翻腾高度不得超过 200mm，精炼时间 20min。操作要平稳、缓慢，使精炼管匀速地滑过炉底所有部位。精炼介质通入顺序为：氮气→氮气 + 精炼剂→氮气。

表 2-10   温度控制标准

铝合金系列	熔炼铝液温度/℃	静置炉铝液温度/℃	除气箱温度/℃	前箱温度/℃
1×××	710~740	700~740	690~730	670~710
8×××	720~760	700~740	690~730	670~710
3×××	720~780	700~745	690~735	670~710

精炼完毕，扒出铝液表面的铝渣，扒渣时要避免将铝液扒出。精炼结束后 50min 内将铝液转入静置炉，并再次用氮气除气扒渣，以待生产。

如静置时间超过 5h 未使用，应按上述规程重新精炼。

2.3.3   测氢

采用 ELH-Ⅳ型铝熔体快速测氢仪测量氢含量。

　　检测时，将一小股纯净氮气经双孔陶瓷探头注入铝熔体中，金属中的氢将扩散进入氮气泡，但是，即使气泡非常小，这个转移过程相对讲也是较慢的。仪器中的循环系统将促使该股氮气在仪器与熔体间不断循环流动，仪器能连续测量气体的组成并指示出达到平衡的含量。

　　氢含量要求每 100g 铝中含量不大于 0.15mL。

2.4　熔炼及精炼设备

2.4.1　熔炼炉和静置炉

2.4.1.1　设备用途

　　熔炼炉的用途是对铝熔体进行熔炼、精炼。静置炉的作用一是对铝熔体进行二次精炼，二是进行澄清除渣，三是控制铝液温度。

2.4.1.2　使用及维护要点

　　（1）新炉进行烘炉，必须按照表 2-9 严格执行。

　　（2）定期进行清炉。

　　（3）经常检查炉门、炉顶、炉墙、炉底、炉眼是否存在松动、裂纹，如有应及时处理。

　　（4）大耙、除气管等工具要干燥后才能使用。

　　（5）加料、搅拌、除渣时，应先停止加热再进行操作，以防发生事故。

　　（6）熔炼过程中，要保持场地干燥，以防铝液渗漏流出炉外与水接触，发生爆炸。

　　（7）正常使用中，扒渣，加废料时，不允许碰撞炉内砖、拱砖。

　　（8）投料时要求按炉子额定的容量进行。不允许超过炉子额定容量，不允许在炉门上筑坝。

2.4.1.3　日常点检及维护

　　炉子着重观察联结端子是否发热，电加热是否连接完好、三向电流是否平衡、炉墙是否破损，炉门开启是否灵活、低压开关柜进出线联结及其他接触部位有无异味、是否发热、信号仪表指示是否正常、电气元件是否清洁等。

2.4.2　炉底感应式电磁搅拌器

2.4.2.1　用途及工作原理

　　电磁搅拌器的用途是对铝液进行搅拌。

　　电磁搅拌器由感应器、变频电源、冷却系统和拖动系统组成。

电磁搅拌系统的主要部件是电磁搅拌线圈，线圈为水冷，安装于炉子底部。电磁搅拌是靠电磁力对金属液体进行非接触搅拌的。电磁搅拌器相当于一个气隙很大的直线电机，感应器相当于电机的定子，铝熔液相当于电机的转子，当感应器线圈内通以交变电流时，就会产生一个行波磁场，磁场和熔池中的金属液体相互作用产生感应电势和感生电流，感生电流又和磁场作用产生电磁力，从而推动金属液体做定向运动，起到搅拌的作用。

2.4.2.2　维护保养及注意事项

（1）搅拌器工作时，应经常检查感应器冷却水管是否有老化裂纹等漏水现象，以防止局部缺水后，温度过高损坏设备。注意监测冷却系统的进、出水温度、水压及感应器线圈温升情况。

（2）定期检查水质情况，如果发现冷却水不合格，应该及时更换。

（3）变频柜下部一定要清扫干净，以防污物吸附到可控硅上出现危险。

（4）每个可控硅均串联有快速熔断器，当有快速熔断器发生熔断时，报警器就会报警指示，同时设备将自动停止工作，这时可打开柜门查看快速熔断器上的报警装置是否有弹起，若弹起则表明此熔断器已熔断。

（5）定期检查各个电缆接头是否有氧化发热等接触不良现象。定期检查低频电源的输出电压及电流波动，并及时坚固。定期检查各紧固件有无松动，并及时紧固。

（6）严防炉底漏铝和感应器室进水。

（7）定期检测感应器室内温度，应小于70℃。

（8）具有电子或金属植入物（如起搏器或金属脊柱连接器）的人员在设备运行期间严禁接近电磁搅拌器的感应器。

（9）搅拌正在进行时，千万不要去停止主电源或去关控制电源，以免造成意外事故。在每次搅拌后，必须将感应器从炉底退出。停止搅拌后，冷却系统应该再延时工作 10~20min。

（10）进行参数设置时应在正常待机状态下操作完成；在保存设定值之前按下"取消"键本次设定值无效，并返回待机状态。

2.4.3　在线除气装置的维护保养及注意事项

2.4.3.1　维护保养及注意事项

（1）旋转转子和液压缸要经常加注轻机油润滑，每班在旋转轴加油处加注高温润滑油。

（2）要经常检查各气管接头处是否有泄漏现象，以防止各管路及接头泄漏导致石墨转子堵死及影响除气效果。

（3）首次使用前，必须使除气箱加热到730℃以上，可以借助煤气喷枪辅助加热，要保证除气箱、加热除气腔都达到730℃以上，方可放入铝液进行除气处理。

（4）每次除气前，必须检查外接高纯氮气的气压是否达到限定的0.5MPa（输入气压），且氮气的纯度达到99.99%以上，方可保证除气除渣质量。

（5）在使用过程中，要随时观察堵气回路压力读数和进气气压显示值，如有变化则应升起石墨转子，检查排除故障后方可继续使用。

（6）在降下石墨转子之前必须先打开冷却空气开关和氮气输入开关，要遵循降下之前先开气，提起以后再关气的原则，确保石墨转子不会堵塞，提、降转子之前都必须先扒出铝液表面浮渣以防止发生叶轮孔堵塞，影响使用效果。

（7）如果堵气回路压力过高或太低（显示值），则表示接头或转子与旋转轴连接处有漏气现象，应检查维修。

（8）在使用过程中或降下过程中，如发现石墨转子及叶轮堵住，可用氧气、乙炔及煤气喷枪烤出。

（9）操作触摸屏时，触摸按钮画面时用力不能太大，能对触摸位置产生压力作用有信号即可；不能戴手套或用其他东西来触摸相应画面的按键位置；触摸屏表面灰尘要经常用柔软的布类擦拭，以延长它的使用寿命。

2.4.3.2　操作要点

手动操作过程：

（1）在除气前，先打开触摸屏上液压开关，打开冷却气输入开关（散热器开关按钮），降下石墨转子，使石墨转子叶轮下降至箱内铝液上表面约50～80mm处预热10min以上。再打开氮气输入开关触摸屏上显示气压在0.2MPa，流量在0.6～0.7m^3/h，堵气回路压力为0kPa，铝液温度在720℃以上，经检查确认每一部分均无故障后，方可进行除气工作。

（2）扒出铝液上表面浮渣，开动石墨转子旋转开关，使转子旋转速度在80r/min左右，慢慢降下石墨转子，在正常情况下，堵气回路压力的读数随着石墨转子的下降慢慢增大，最终保持在一定的读数范围：12～14kPa。

（3）当石墨转子下降到最低位置时，堵气回路压力读数和产生的气泡均正常时，加大石墨转子转速至280(JL-I)/600r/min左右，调节氮气进气量，以保证除气效果和节约氮气，最适当的氮气用量是铝液表面刚好有气泡浮上为止。

（4）当使用正常后，插下除气箱进出口挡板以形成潜流状态，以保证除气效果。

（5）当铝液浇注完毕后不使用石墨转子进行除气时，降低石墨转子转速至50r/min左右，扒出铝液上表面浮渣，迅速提升石墨转子，在石墨转子孔上盖上隔热装置（保温毯）。

（6）关掉石墨转子旋转开关，关掉液压开关，待石墨转子基本冷却（不发红）后，关掉氮气输入开关，关掉散热器冷却开关，完成除气作业，提出转子后，检查每一个叶轮孔是否都保持畅通，若有不通的孔应把它疏通。

（7）不进行除气作业，进入保温状态时，把除气箱进入口用耐火材料堵牢，防止热量散失，增加电耗。

自动控制过程：

（1）经检查各项指示值均正常后，箱内铝液温度在720℃以上，就可进入除气作业。

（2）打开散热器冷却风开关，扒出铝液表面浮渣，按一下触摸屏上预热按钮，进入预热过程。在此过程中，氮气阀会自动打开，调节流量值为0.6～0.7m³/h，此时，堵气回路压力显示值应为0kPa。

（3）待预热10min以上后，就可进入除气过程，按一下屏上除气按钮，转子电机自动打开，转速在50r/min，自动进行除气过程。

（4）当除气完成不需要进行除气时，扒出箱内铝液表面浮渣，按一下触摸屏上除气结束按钮，系统自动提升起石墨转子和关掉氮气路，完成除气作业，在转子孔上盖上保温毯以减少散热，待石墨转子基本冷却后关掉散热器冷却开关，进入保温状态。

（5）其他部分与手动过程相同。

3　铝及铝合金铸轧

双辊连续铸轧技术提供了一种由液态金属直接生产可用于冷轧的薄板坯的捷径，把铸造和热轧开坯等多道工序合并为连续铸轧一道工序完成，使铝板带箔生产工艺大大简化，生产周期缩短。同时还由于双辊连续铸轧机具有灵活、投资少、占地面积小、建设速度快、生产成本低等许多优点，因此从应用于工业生产以来，不但得到广泛推广，而且不断地改进和完善，铸轧机已向铸轧速度更高，铸轧板厚度更薄的方向发展。本章主要介绍铝及铝合金的铸轧理论，工艺技术及铸轧设备。

3.1　铸轧理论

3.1.1　铸轧基本原理

双辊式铸轧法有三种形式：水平式、倾斜式、垂直式。尽管双辊铸轧机有许多种规格型号，但它们的工艺过程基本都是相同的。板带铸轧过程是把熔融金属通过铸嘴浇入一对转向相反、内部通冷却水的铸轧辊之间，在这对辊缝中完成浇注、冷却、结晶、凝固、轧制和出坯等一系列的工艺过程，其间进行着复杂的变形和传热过程。

铝带坯连续铸轧工艺流程如下：

经过精炼的铝液从静置炉放流口流出，在流槽中加入 Al-5Ti-B 丝晶粒细化剂进行变质处理，再进入净化处理装置。铝熔体从净化处理装置流过后流入可以控制液面高度的前箱内，再由前箱流入由保温材料制成的供料嘴中，供料嘴位于两个转动的铸轧辊间，辊内通以循环冷却水。当铝熔体从供料嘴内涌出时，即与铸轧辊相遇，表层凝固成固体硬壳，铸轧辊相当于结晶器，随着铸轧辊的转动，固体硬壳不断增厚。当铸轧辊的两辊同时与凝固不断增厚的固体硬壳相遇时，硬壳即受到轧制成为带坯，经牵引机送进剪切机，切掉头部，至卷取机卷成所需直径的铸轧卷。由此可见，从铸轧辊的一方不断供应液体金属，从铸轧辊的另一方不断铸轧出板，使进、出铸轧区的金属量始终保持平衡，这样就达到了连续铸轧的稳定过程。

实际上，整个铸轧中最关键的过程是熔体凝固和轧制过程，凝固和轧制过程只是在铸嘴前端到两轧辊中心连线之间数十毫米长的铸轧区内完成的。图 3-1 为铸轧过程示意图。

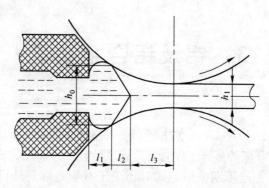

图 3-1　铸轧过程

l_1—液态区；l_2—糊状区；l_3—轧制变形区；h_0—铸嘴出口铝液厚度；h_1—坯料厚度

3.1.2　铸轧工艺参数

为了稳定进行连续铸轧，许多工艺参数必须配合好。

铸轧主要工艺参数有：铸轧区长度、铸轧速度、前箱温度、冷却强度、前箱液面高度和轧制力等。在辊径和带坯规格一定的正常铸轧条件下，这些主要工艺参数任何一个有变化，其他的也要随着改变，才能保证稳定铸轧。

由于板带铸轧过程是在铸轧区窄小的空间里，仅数秒钟时间就完成浇注、凝固、轧制变形、出坯这一系列复杂的流变和物理化学过程，这使得对铸轧过程的基本理论研究变得十分困难，各国的学者都做了多方面的努力和探讨，但至今对铸轧很多工艺参数的计算没有统一看法。

3.1.2.1　铸轧区长度

铸轧区长度是指铸嘴前端到两轧辊中心连线的距离。

根据图 3-1，铸轧区可分为液态区、糊状区和轧制变形区三个区。液态区是铝熔体冷却到结晶温度的冷却区域，糊状区是铝熔体完成结晶过程的区域，轧制变形区是两辊对铸坯进行轧制的区域。

铸轧区是连续铸轧工艺至关重要的地方，选择合理的铸轧区长度是非常重要的，它不仅影响其他工艺，而且对带坯质量起着决定性的作用。

铸轧区长度偏小，铸轧速度低，带坯热加工率减小，各工艺参数可调整的范围也不大。适当增大铸轧区长度，既可提高铸轧速度，又可增大加工率，使带坯组织致密性更好，性能有所提高。通常，铸轧区长度与轧辊辊径、轧辊凸度、板坯厚度、合金成分等有关。辊径越大，铸轧区长度也越大；轧辊凸度越大，铸轧区长度也越大；板厚度增加，铸轧区长度也要相应增大；合金成分越高（或说铸轧板越硬），铸轧区长度就越小。但铸轧区长度的变化也只能在一个合理的范围内。通常，在其他条件允许时，铸轧区长度应尽量大，但它也受到一些条件的制约。

当铸嘴出口端宽度和开口度一定时，铸轧辊直径越大，铸轧区长度也越大。但是，铸轧区越长，需要传递的热量也越多。由于辊内的冷却水流量一定，决定了辊套的热交换量。因此，铸轧区长度受到限制。

铸轧辊直径一定时，辊内的冷却水流量只能达到一定值，铸轧区长度也就只能在一定范围内波动，不能任意加大。因为铸轧区越长，咬入弧就越大，加工变形率也越大。由于铸轧属于无锭轧制，当加工变形率达到一定值时，被轧制的固态金属开始与轧辊贴合，不产生相对运动，而中心部分却受到与铸轧方向相反的挤压力。由于受这种挤压力的作用，使上下辊面与开始凝固的硬壳还未相遇时，就受到挤压力的传递作用而发生变形。当这种挤压力的传递作用很大时，就可由变形变成向后滑动，使液穴变小。当这种滑动发生在凝固的硬壳内部时，将造成铸轧板产生分层缺陷；当发生在硬壳表面时，将使铸轧板出现裂纹。因此，由于加工变形率受到限制，也限制了辊径一定时的铸轧区长度。

3.1.2.2 铸轧速度

铸轧速度是指铸轧板的出板速度。铸轧速度与铸轧辊线速度相比有一定的前滑量，辊径不同，前滑量也不同，前滑量一般为 5% ~ 10%。

在铸轧过程中，要保持连续铸轧的稳定性，主要是调整铸轧速度，使铸轧速度与液体金属在铸轧区内的凝固速度成一定的比例关系。铸轧速度过大，易使铸轧带坯冷却不足，甚至在板坯中心尚未完全凝固时就离开了铸轧辊，破坏了铸轧过程。若铸轧速度过小，铝熔体在铸轧区内停留时间过长，过度冷却，会造成铝液在铸嘴内凝固，甚至造成铸嘴和固态金属一起被轧出来。因此，铸轧速度必须与液体金属的凝固速度相配合，尽量使它们同步。

影响铸轧速度的因素有很多，如合金种类、前箱温度、辊套厚度、冷却强度、铸轧区长度、带坯厚度等。

A 合金种类

纯铝的共晶量极少，可认为它们是在恒温下（660℃）凝固，因此，纯铝的铸轧速度比较快。

对铝合金来说，凝固温度区间越大，完全凝固所需的时间就越长，因此，铸轧速度比纯铝的相应地就小些。比如实际生产中 3003、8011 等铝合金与纯铝相比铸轧速度就要慢一些。

B 前箱温度

由于前箱熔体温度与铸轧区内流入液穴中的熔体温度在正常铸轧时相差很小，另一方面，前箱内的熔体温度容易测量，所以，在铸轧过程中，都是通过用热电偶来检测控制前箱熔体温度，以保持铸轧区熔体温度稳定，使熔体凝固速度恒定。生产中前箱温度应保持稳定，波动不应太大。

若前箱温度过低，熔体会在铸嘴内凝固；前箱温度过高，会使带坯不好成形，或造成铝液未凝固便被轧辊带出。

前箱温度与铸轧速度有直接的关系，前箱温度较低时，应适当提高铸轧速度；前箱温度较高时，铸轧速度应适当降低。

控制熔炼炉和静置炉内的熔体温度对稳定铸轧工艺和提高带坯质量是极为重要的。炉内熔体温度过高或局部过热，不仅增大能源消耗，而且会使晶粒粗大。实践证明，一旦炉内温度过高或局部过热，即使将其温度降到正常，也不能完全消除温度过高对晶粒的影响，所以，前箱熔体温度即使很低，也不易获得细小晶粒。因此，实际生产中，应严格按表2-10控制温度。

C　冷却强度

在铸轧过程中，铝及铝合金凝固时所释放的热量及带坯在离开辊缝前所释放出的热量经辊套快速传递，被辊内循环冷却水吸收而排出。因此，在单位时间内，铸轧辊套单位面积上所导出的热量被称为冷却强度。

铸轧过程中的"结晶器"就是内有冷却循环水的旋转轧辊。所以，冷却强度的大小直接影响结晶速度，也即影响到铸轧速度。冷却强度越大，铸轧速度也能越快，提高了生产率。

影响冷却强度的因素主要有：

（1）铸轧辊套材质及其热量传导性能。

（2）辊芯循环水沟槽的分布。

（3）辊套厚度。铸轧辊使用一段时间后，辊套表面会布满细小裂纹，通常称之为"龟裂"，需要对辊套进行车削，每次约车削掉3mm。因此，辊套厚度随着使用时间的延长而变薄。当辊套厚度变薄时，冷却强度就会提高，铸轧速度也可以相应地提高。但辊套不能过薄，否则在铸轧过程中会发生变形，影响板形。

（4）冷却水水质、温度、压力和流量。

D　带坯厚度

带坯越薄，铸轧速度可以越大，带坯较厚时，速度可相应地低些。

3.1.2.3　前箱液面高度

前箱液面高度指的是从前箱液面到液穴中最低氧化膜处的距离。在实际生产中，通常以辊缝中心水平线作为基准，以前箱液面到此线的距离作为生产中的前箱液面高度。

在铸造区内，凝固瞬间的熔体供给和保持所需的压力，都是通过前箱熔体的水平静压力来控制的。通常，在保证液穴中熔体表面氧化膜不被破坏的条件下，前箱液面越高越好，这样有利于保证金属结晶的连续性，使铸轧板获得更为致密的组织。

如果前箱液面高度较低，静压力较小，则表现为熔体在结晶前沿供给不足，在带坯横截面中心处易出现孔洞，或带坯表面上出现裂纹或热带。如果液面更低，静压力太小，熔体就不会涌入铸轧区，而停留在供料嘴腔内，时间稍长，铝液发生凝固，供料嘴出口处发生局部堵塞而铸不出带坯，使铸轧连续性被破坏。

若液面过高，则熔体静压力过大，易使带坯表面上有被冲破的氧化膜黑皮，影响带坯的表面质量。如果在铸嘴与轧辊间隙过大时液面太高，液穴中氧化膜就会被冲破，熔体从铸嘴与轧辊的间隙漏出，使铸轧无法进行。

理论上，当 $h = 2\sigma/\rho g d$（h 为前箱液面高度，σ 为表面膜张力系数，ρ 为金属液体密度，g 为重力加速度，d 为嘴辊缝隙）时，前箱静压力和液膜表面张力相等，达到平衡。

3.1.2.4 轧制力

保证铸轧板较好的板形质量，常常通过调整施加在轧辊两侧（操作侧和驱动侧）的轧制力来实现。

由于辊缝设置不佳、辊型不好等原因，铸轧板厚度、边差和中凸度等尺寸参数经常超出规定范围，这时就要通过调整轧制力，同时配合铸轧速度、铸轧区长度等参数的控制来进行纠正。

3.1.3 晶粒细化的主要途径

细小等轴晶组织各向异性小，加工时变形均匀，且使易偏聚在晶界上的杂质、夹渣及低熔点共晶组织分布更均匀，因此具有细小等轴晶组织的铸轧板坯，其力学性能和加工性能均较好。

为获得尽可能多的等轴晶组织，主要采取以下晶粒细化方法。

3.1.3.1 提高冷却强度

增加冷却速度，有利于提高形核率，得到较细晶粒的组织。但由于目前铸轧冷却水可调范围有限，冷却强度的提高受到限制。

高温度会使晶粒粗大，因为铝液温度高，非均质晶核数目减少，同时游离晶体被熔化，没有或很少有晶核增殖作用，因而粗化柱状晶和等轴晶，并扩大柱状晶区，因此为获得较小晶粒可适当降低铝液温度。

3.1.3.2 电磁振动

电磁振动的目的在于使晶粒细化。在铸轧区中引入电磁场，一方面是从外部对金属熔体输入电磁功能，加剧结构起伏，有利于均质形核；另一方面，在电磁感应力的作用下，生长中的晶粒乃至柱状晶粒受到机械剪切和振动冲击而碎断、剥落。当剥落下来的碎块未被熔化而漂浮在熔体中时，便形成晶核。同时，在电磁产生的搅拌力作用下，离凝固前沿较远的高温熔体与界面附近会有高固态百分比的低温熔体进行强迫交换，改变凝固前沿熔体的温度场和浓度场，导致形核、结晶在较大的范围内同时进行，最终达到破坏定向凝固结晶，强化动态结晶的目的。

3.1.3.3　添加变质剂

Al-5Ti-B 丝的细化效果较好，其形核相主要是 TiB$_2$、TiAl$_3$。化合物有片状、块状和花瓣状，其中块状 TiAl$_3$ 的 Al-5Ti-B 丝细化效果见效快，但衰退也快，含片状 TiAl$_3$ 的 Al-5Ti-B 丝细化作用见效慢，但可持续较长时间。

有色行业标准 YS/T 447.1—2011 中要求单个质点直径小于 2μm 的 TiB$_2$ 应在 90% 以上，分布大致均匀弥散，允许有尺寸小于 25μm 的 TiB$_2$ 疏松团块存在。TiAl$_3$ 相应呈块状或杆状，分布大致均匀，平均尺寸为 30μm × 50μm，尺寸小于 150μm 的 TiAl$_3$ 相应在 95% 以上。

图 3-2 所示为国产 Al-5Ti-B 丝的显微形貌，其中分布均匀、尺寸为 30μm 左右的块状物质为 TiAl$_3$。图 3-3 所示为使用该 Al-5Ti-B 丝后薄板横切面在 1% NaOH 溶液腐蚀后的显微形貌。从图 3-3 中可以看到，使用 Al-5Ti-B 晶粒细化剂后，晶粒细化效果很好，薄板横断面晶粒尺寸在 30μm 以下。

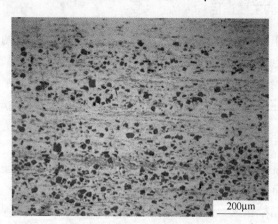

图 3-2　国产 Al-5Ti-B 显微形貌

铝液中钛含量控制在 0.01% ~ 0.03% 效果最好，含量超过 0.03% 时细化效果提高不明显。Al-5Ti-B 丝添加时必须控制好添加点温度，一般控制在 700 ~ 720℃为宜，温度过低，细化效果不好，钛含量波动大。

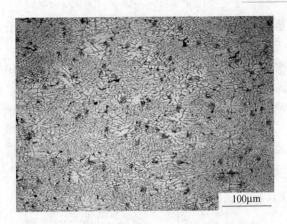

图 3-3　薄板横切面显微形貌

3.2　铸轧工艺及操作技术

3.2.1　换辊

水平式轧机：拆除金属软管，取出下垫块，用抱轴器把万向传动轴固定后将轧辊拉出牌坊，把准备好的轴承座分别装到要更换的新轧辊上，将轧辊推入牌坊，垫好垫块，拆去抱轴器，安装水帽及金属软管，换辊完毕。

倾斜式轧机：拆除金属软管，将主电机底座及传动轴一起移出脱离轧辊，竖直牌坊，将轧辊拉出牌坊，安装轴承座及水帽，将轧辊推入牌坊，锁定轴承座，将牌坊倾斜到位，移入主机底座，安装金属软管，换辊完毕。

3.2.2　新辊的清洗和预热

3.2.2.1　铸轧辊辊面防护油清除

新换上的铸轧辊辊面有一层防护油，防护油由润滑脂和机油混合而成。换辊完毕，用干净棉纱将辊面的防护油擦干净，再用煤油或汽油清洗掉残余的防护油。最终用干净的棉纱擦干辊面。

3.2.2.2　洗辊

洗辊方法有酸洗、酒精清洗、洗油能清洗等。

（1）酸洗。酸洗方式见表 3-1。

表 3-1　酸洗方式

硝酸∶甲醇	混合酸放置时间	酸　　洗
1∶20	5min	2 次，腐蚀 20min

根据机台用塑料容器配制好混合酸，并放置一段时间。将毛巾在混合酸中泡湿拧干，均匀地在辊面上沿纵向或横向（同一方向，不要交替）来回擦洗，要求擦洗二次，每次擦洗完腐蚀一段时间。擦洗完毕，用毛巾在清水中泡湿拧干，将轧辊清洗干净，再用干棉纱擦干，即可准备烘烤。

（2）酒精清洗。用汽油清洗掉防护油后，用酒精擦洗辊面二遍，即可准备烘烤。

（3）洗油能清洗。将毛巾在洗油能温水中泡湿拧干，擦洗辊面二遍，再用干棉纱擦干，即可准备烘烤。

3.2.2.3　铸轧辊辊面烘烤

烘烤可以用电、液化气、循环热水对辊面进行加热，去除辊面水分。

（1）液化气烘烤。用液化气对辊面进行加热，并用干毛巾及时擦干辊面上形成的水气，烘烤 1h 左右。辊面均匀喷一层石墨或用小火烘烤形成一层润滑层。

（2）电加热烘烤。用专用电加热烤辊装置烘烤辊面，若辊面产生水气应及时用干毛巾擦掉。烤一段时间后，均匀喷一层石墨，再烤干即可生产。

（3）循环热水加热烘烤。用铸轧机循环热水或专用循环热水加热轧辊，加热一段时间辊面水分干燥后，均匀喷一层石墨，继续加热即可生产。

3.2.3　调节辊缝

辊缝调节时，根据生产的铸轧板厚度及合金成分，可用 ϕ9.5mm 铝圆杆试调辊缝，轧机速度 0.8～1.0m/min。辊缝确定与板厚、合金成分的工艺配合见表3-2。

表 3-2　辊缝确定标准

铝合金牌号	板厚/mm	辊缝/mm
1×××、8011、3102 铝合金	6.6 ±0.2	5.8 ±0.2
3003、5754 铝合金	6.6 ±0.2	5.5 ±0.2

3.2.4　铸嘴的安装

3.2.4.1　水平式轧机

将铸嘴安装到铸嘴小车上，铸嘴一定要与铸轧辊对中，前端伸出长度为 140～145mm，由于铸嘴及小车变形，一般需要在铸嘴中间部位的下面垫上一块厚砂纸。然后即可将压板压到铸嘴上面。放压板时，确保铸嘴不要前后左右移动。

压板放好后即可紧压板上方的紧固螺丝，使每颗螺丝受力均匀，但不能用力过猛，以免将铸嘴压坏。

给定预压力（一般为10MPa），将铸嘴推入辊缝。

在将铸嘴推入轧辊辊缝时，动作一定要缓慢，当铸嘴与辊面接触时，停止向前推进，检查铸嘴与轧辊间隙情况并作调整，防止铸嘴被轧辊碰坏。

将铸嘴推入轧辊辊缝后，便可调整铸轧区长度，使铸嘴在整个宽度方向铸轧区长度均匀一致。同时进行铸嘴嘴唇的打磨及铸嘴小车的调整，保证较好的嘴辊间隙。随后安装耳子，使耳子与轧辊接触紧密，防止漏铝。

在整个铸嘴安装过程中不能碰伤铸嘴。避免用力过猛，辊缝将铸嘴挤压变形，并保证金属通道尺寸。

铸嘴、耳子安装好后，用纤维毡将耳子保护起来，纤维毡不能伸进铸嘴。然后安放引出挡板，在安放引出挡板时不能损伤铸嘴和耳子。

3.2.4.2　倾斜式轧机

将铸嘴安装到铸嘴小车上，铸嘴一定要与铸轧辊对中，然后即可将压板压到铸嘴上面。放压板时，确保铸嘴不要前后左右移动。

压板放好后即可紧压板上方的紧固螺丝，使每颗螺丝受力均匀，但不能用力过猛，以免将铸嘴压坏。然后再用钢卷尺测量铸嘴的开口度，如果左右两边的开口度不合适或不对称，可以通过松紧压板上方的紧固螺丝来调整，以保证铸嘴的开口度在需要的范围内。

在将铸嘴推入轧辊辊缝时，动作一定要缓慢，当铸嘴与辊面快接触时，停止向前推进，根据轧辊前面指挥人员的指挥，点动向前进，检查铸嘴与轧辊接触情况并作调整，使铸嘴与上下辊面间隙均匀，一般间隙在0.3mm左右，不能有局部相互接触或留有太大空隙等现象。

将铸嘴装好后，便可着手调整铸轧区长度，使铸嘴在整个宽度方向铸轧区长度均匀一致。随后安装耳子，装耳子的时候将轧辊反转，使耳子与轧辊接触紧密，耳子位置安放好之后一定要将耳子固定好，防止漏铝。

在整个铸嘴安装过程中不能碰伤铸嘴。避免用力过猛，辊缝将铸嘴挤压变形，并保证金属通道尺寸。

耳子安装好后将轧辊停止，并将轧辊转向选择开关设置在正向位置，最后用压缩空气吹扫辊面，清除辊面上的杂物。

3.2.5　供流系统准备

3.2.5.1　水平式轧机

在安装铸嘴的同时，便可进行流槽的安装工作，以及流管、浮漂、堵头、堵塞钎的准备工作。

流管长度根据生产情况选择，安装时要保证流管垂直。

在安装铸嘴后，检查前箱是否完好无损并足够干燥，确认无误后方可安装前箱。

安装前箱时，在铸嘴与前箱之间放 1～2 块干燥硅酸铝纤维毡，然后使前箱顶紧铸嘴，以保证铝液通过时不会从前箱与铸嘴的间隙漏出。

将前箱与铸嘴顶紧后，把铸嘴与前箱之间的纤维毡高出部分用力压下，保证纤维毡不会阻碍铝液从前箱流进铸嘴。碎纤维料及时拿出，以免被铝液带入铸嘴，影响铸轧供流。

安装斜槽之前，先在前箱与斜槽搭接面上放一块隔热纤维毡，以保证前箱与斜槽搭接面的密封。

3.2.5.2 倾斜式轧机

在安装铸嘴的同时，可进行流槽的预热工作，以及前箱的准备工作。

安装铸嘴后，检查前箱是否完好无损并足够干燥，确认无误后方可安装前箱。

先安装前箱与铸嘴之间的喂料管，安装之前先准备好需要的纤维毡，在喂料管与铸嘴之间垫 2～3 块纤维毡，再放上喂料管，压紧喂料管，使喂料管与铸嘴接口处不会漏铝；同样在喂料管与前箱之间垫 2～3 块纤维毡，装上前箱，压紧前箱—喂料管—铸嘴之间的接口，固定好前箱，确保前箱的稳定，以保证铝液通过时不会从间隙漏出。堵好各流口，防止漏铝现象。

安装活动流槽，在活动流槽与前箱、过滤箱出口接面处使用隔热纤维毡连接，确保接面处的密封。

3.2.6 石墨喷涂准备

安装铸嘴的同时在石墨罐中配制石墨乳液。配制过程中必须使用过滤装置。水和石墨乳按 30∶1 配制。

每天早班必须清洗过滤装置。停机时，石墨系统要用清水清洗，保证管道畅通。若石墨喷涂不畅时，应用清水对整个系统进行清洗。

3.2.7 除气箱的准备

3.2.7.1 水平式轧机

除气箱在停机至立板期间必须进行保温，如果加热器不足以提供足够的热量完成保温时，可以使用液化气。立板前，将除气箱中的铝液温度控制在 780℃ 左右。

3.2.7.2 倾斜式轧机

除气箱在放注铝液前必须预热，加热器温度设定为 750～900℃。

短时间内不进行生产时，除气箱内的铝液可进行保温处理。保温时铝液温度控制在720℃左右，并使用覆盖剂进行保温。超过24h不生产，需将除气箱内铝液放出并清理。

除气箱扒渣时，打开侧壁炉门，用渣耙把表面浮渣捞干净（在卷头卷尾时扒渣）。扒渣完毕，关闭炉门并保证密封。

若停机时间较长，应升起石墨转子，放干铝液（放铝液前应把表面浮渣及箱内壁的渣清理干净），清除除气系统进出口的金属并用硅酸纤维毡堵紧。确认各控制柜上的所有参数正常。

每次停机时，必须热清理除气箱，将石墨转子吊出后用专用清炉铲清除箱壁及箱底的铝渣，用渣耙把表面浮渣捞干净，然后放流。

3.2.8 立板

3.2.8.1 水平式轧机

A 立板操作

立板前，检查各部位是否正常（液压系统、冷却水、供风等），卷取机钳口定位，穿料台升起，确认轧辊旋转方向已在"正向"，操作人员各就各位。

放流后，铝液流进除气箱，当除气箱接近放满时打开出口，将铝液放满流管上端流槽，将流管处温度控制在715℃左右，拔出堵头放流，保证铝液均匀、平稳地进入铸嘴，当前箱铝液基本填充满铸嘴金属通道时，启动轧机开始铸轧。在此过程中要注意各放铝口不要漏铝，过滤板入口要堵牢。

立板阶段一般要将前箱液面稳定控制在上嘴唇1/2~2/3的位置，铸轧速度可根据轧机电流和前箱温度变化适当调节快慢。

当轧辊转动超过1/3周开始喷涂石墨，轧辊转过一周后，开启冷却水。

板头通过剪刀后，切去板头，然后穿带卷取，观察是否有塔形，若有应及时调整。

立板成功后，开始添加Al-5Ti-B丝；然后将石墨转子通气以后预热10min，再缓缓放入铝液中进行除气，待板面和板形初步满足要求后，穿带进行正常生产。

B 立板失败原因及预防措施

（1）失败原因：铸嘴漏铝。预防措施：立板时将前箱温度控制在690~720℃，不能过高；铸嘴与铸轧辊的间隙控制在0.25~0.30mm，不能过大；立板阶段将前箱液面稳定控制在上嘴唇1/2~2/3的位置，不能过高。

（2）失败原因：耳子漏铝。预防措施：立板时将前箱温度控制在690~720℃；耳子与轧辊间隙控制在0.2mm左右，不能太大或太小；立板阶段将前箱液面稳定控制在上嘴唇 1/2 ~ 2/3 的位置。

（3）失败原因：铸嘴内积冷铝。预防措施：立板时将前箱温度控制在 690 ~ 720℃，不能过低；根据前箱温度及轧机电流情况控制速度，不能太慢。

（4）失败原因：板面纵向条纹无法消除。预防措施：温度不能过高；嘴辊间隙不能过大或过小；启动不能过晚，铝液刚到达上唇就可启动；辊面铝屑应及时清理。

3.2.8.2　倾斜式轧机

A　立板操作

立板前，检查各部位是否正常（液压系统、冷却水、供风、制氮系统、石墨喷涂），卷取机钳口定位，穿料台升起，确认轧辊旋转方向已在"零位"，操作人员各就各位。

根据合金、规格等设定好轧辊跑渣线速度：1.0 ~ 1.8m/min。

打开静置炉流眼，及时处理流槽系统中半凝固状态的铝液，让铝液顺利通过流槽系统，温度低时用液化气在流槽上对铝液进行加热，经前箱上部放流口通过放流槽进入渣箱，用铝液温度充分预热流槽系统。

将测温线放入前箱测量铝液温度，当前箱铝液温度达到 700 ~ 735℃时，停留一段时间，温度无明显波动后，主操手确认一切正常后，指挥其他人各就各位，准备立板。

首先堵住前箱后的废熔体排出口，当熔体充满前箱时，打开通往横浇道的石墨堵头，使前箱内熔体在静压力作用下流入喂料管和铸嘴，并迅速从供料嘴涌出。铝熔体被旋转着的铸轧辊带走，用铁铲将冷却成半凝固状态的铝屑铲入渣箱内。跑渣时间一般为几分钟，目的是用熔体热量预热喂料管及铸嘴，使铸嘴内熔体温度均匀、稳定。此时，需注意前箱中熔体温度有无下降趋势，可用液化气加热流槽中熔体来控制。

观察铸轧辊带出来的半凝固状态铝带坯表面有无异常现象。例如是否有白条，说明该处铸嘴口有夹杂物堵塞；是否有硬块，硬块由供料嘴内腔熔体的温度分布还不均匀造成，可延长跑渣和预热时间，防止这类缺陷的产生。同时还要控制好前箱熔体液面的高低。一切正常后，可逐渐降低铸轧机速度。在降速的同时仔细观察板面状况和前箱液面。此时，前箱熔体的温度应达到正常前箱温度的上限或稍高一些。各项参数符合要求后，铸出成形板。通过导出辊、导板、夹送辊，至剪切机切掉板头不规则部分，至卷取机卷取。

测量板宽，调整前箱液面高度，使宽度公差符合生产计划要求，安放好液面报警浮标。

若辊面局部出现热带时及时处理，清除铝屑与异物。

观察铸轧板面情况，启动石墨喷涂行程按钮，打开压缩空气和石墨乳液的阀门，开启石墨喷涂泵，调整所需喷涂量，观察喷枪行程是否恰当，使其喷涂范围稍大于板宽，确保润滑的效果。

逐步降低前箱温度至工艺要求范围，同时逐步提高带速至工艺要求范围。

立板成功后，将 Al-5Ti-B 丝按 0.01% ~0.05% 含量添加，铝液温度按表 2-10 控制。待板面和板形满足要求后，穿带进行正常生产。

B 立板失败原因及预防措施

（1）失败原因：辊面润滑不够，导致跑渣出板时粘辊。预防措施：石墨配比浓度 1:30，用石墨润滑辊面，认真观察辊面石墨的均匀程度，颜色达到微黑为达到工艺要求。

（2）失败原因：出板时将耳子轧出。预防措施：安装耳子时注意耳弧与辊弧之间的间隙，控制在 0.2mm 为最佳；前箱操作手有效地控制好前箱液面高度；立板温度稳定在 700 ~735℃。

（3）失败原因：铸嘴后端漏铝。预防措施：安装铸嘴时必须用穿心螺丝固定，且安装穿心螺丝后应先把后排压板螺丝顶紧，再进行开口度的调整；安装完毕后，用修补料将铸嘴后端的间隙封死。

（4）失败原因：铸嘴后端与前箱之间漏铝。预防措施：用纤维毡在喂料管两端垫至 15 ~20cm 的距离后，用前箱后端底部螺丝向前顶至 13 ~15cm。

（5）失败原因：前箱与活动流槽侧孔之间漏铝。预防措施：在安装活动流槽时，用三层纤维毡垫在前箱与活动流槽的接口处，用力将其夹紧后，观察前箱钢压板是否有接触现象，确定没有接触后把流槽侧面的螺丝上紧，用手指进行孔的检查。

（6）失败原因：前箱底座的放流口未堵死，导致铝液在放铝时流入前箱底座并逐渐凝固，跑渣时铝液无法流经铸嘴。预防措施：堵口时查看堵头是否完好；放堵头时应用力平稳，向下压紧并顺时针微微转动压紧。

（7）失败原因：调板形时卸压过猛，导致漏铝。预防措施：调整压力时，必须两人配合操作；操作时应查看截流阀和操作台上的调压装置，确定在关闭位置后，方可进行卸压操作。

3.2.9 正常维护

正常生产时，铝液供给应保证流量平稳，水平式轧机前箱液面控制在铸嘴上嘴唇 1/2 ~2/3 位置，且平稳。若不能保证液面要求，则可能是因为使用一段时间后，流管和浮漂上产生烧结，需要更换浮漂，同时清理流管口上的烧结。倾斜式轧机根据板宽等要求确定前箱液面高度后，生产中调整好液面报警系统，保证前箱液面稳定。

经常巡视，确保石墨喷涂、转子的旋转及除气、Al-5Ti-B 丝供给正常。

为防止钛沉积，保证化学成分均匀，在 Ti 添加点前面安装一个变径流管，在取样点安装一个挡块。

保证除气箱密封完好，减少打开时间。需扒渣时，先停转子（不关气），将渣耙预热，然后用渣耙轻轻将渣扒出。

生产中应严格按表 2-10 控制好铝液温度。生产中可根据需要利用静置炉、除气箱、流槽调节铝液温度。

铸轧过程中，铸轧速度和铸轧温度等参数要稳定，波动越小越好。出现粘辊、热带时，可适当降低铸轧速度 0.1~0.3m/min，或降低前箱温度，或二者同时进行。出现缺边时反之。调节幅度不宜过大。出现粘辊现象，必要时可使用液化气火焰润滑辊面消除粘辊现象。

正常生产中流槽须加盖板，防止热损失和异物落入，减小吸氢倾向。清理静置炉放流口时，先将钎子前端浸在铝液中约 1min，再进行清理，切不可用冷钎子直接清理炉眼和用冷渣铲清理炉眼周围的浮渣。

正常生产中要对板形进行在线检测，每 2 个检测点之间相隔 200mm，若板形有问题应及时调整。板形变化大时，应每天至少剪一次测板（冷态），若有调整应重新剪测板；若板形变化不大，则每 2 天剪一次测板。

3.2.10   卸卷操作

卸卷前经常测量卷厚并估算卷重，按要求卸卷。为防止粘辊，可适当降低 0.05~0.1m/min 的轧速，卸卷时必须使推卷器与小车同步运行。

卸卷到托卷架上，小车下降到位并返回；卷取机高速旋转，钳口自动定位后，升起穿料板，准备穿带。

卸下的卷用钢带打紧，对产品进行标识。行车吊到待检区堆放。检验合格后，堆放到合格区或库房。吊运过程中，防止碰伤、挤压铸轧卷。

3.2.11   停机操作

当生产任务完成、铸轧机列出现故障或无法保证产品质量时应停机。

停机前预热所有放铝渣箱。堵死保温炉炉眼，退出 Al-5Ti-B 丝，将除气箱石墨转子调至闲置状态。每次换辊停机时除气箱应进行清理。

关闭冷却水。

升起卸卷小车托紧铸轧卷。从上至下进行放铝，当铸轧板尾部与轧辊脱离后，应及时使铸辊停止转动，避免损伤轧辊。然后关闭石墨喷涂系统。卸掉轧辊压力。

清理流槽系统过滤箱，用硅酸纤维毡堵死过滤箱出入口，安装过滤板并进行加热。

停机后及时清理轧辊上的铝屑和异物。准备下一次立板。

待渣箱内铝液凝固后，吊走渣箱。

吊走铸轧卷，打扫卫生，保管好使用的工具。

3.3 铸轧质量缺陷及控制

由于铸轧设备和工艺条件的制约，以及其他各种原因，在铸轧生产过程中造成了一些缺陷，一部分在铸轧时可显现，一部分在后续工序时才会暴露出来。

3.3.1 质量因素及控制要点

铸轧卷化学成分是铸轧生产的关键工序控制要点，是铝熔炼控制的重要质量因素。

铸轧卷晶粒度是产品的一般质量因素，其控制贯穿于整个铸轧生产过程。

铸轧卷板形及尺寸是铸轧生产的关键工序控制要点，是产品的重要质量因素。

铸轧卷表面质量是产品的一般质量因素。

3.3.2 粗大晶粒和晶粒不均

铸轧板晶粒度超过标准要求，称为粗大晶粒。铸轧板晶粒度分为5级，一般要求不超过2级。晶粒度对铸轧板的质量有很大的影响，晶粒越粗，质量越差。晶粒度等级标准如图3-4所示。

晶粒不均是指同一铸轧板不同区域晶粒度相差较大。晶粒不均有两种表现形式，一种为同一表面不同区域晶粒度大小不同，另一种为上下表面晶粒度大小不同。

显微组织研究表明，铸轧带坯的粗大晶粒具有孪晶特征（羽毛状结晶组织）。表层部分为片状结构，片状组织下层至中心线部分为羽毛状结晶组织。

3.3.2.1 产生原因

在通常的树枝状结晶时，熔体中温度梯度并不大。而以片状及羽毛状结晶，则需要很大的温度梯度。铸轧时创造了这种结晶条件，因为铝熔体进入液穴达到结晶前沿，在此处造成很大的温度梯度，使金属无法以树枝状方式结晶，而以片状方式结晶，所以铸轧板粗大晶粒的表层为片状组织。在表层结晶后，随着铸轧辊的转动，对表层会有少量的加工变形，此时组织继续成长时有可能形成层错。在层错基础上成长的片状组织就呈羽毛状晶，即孪晶。

铸轧区上表面受到的静压力较小，造成上表面熔体与铸轧辊的接触面积小，

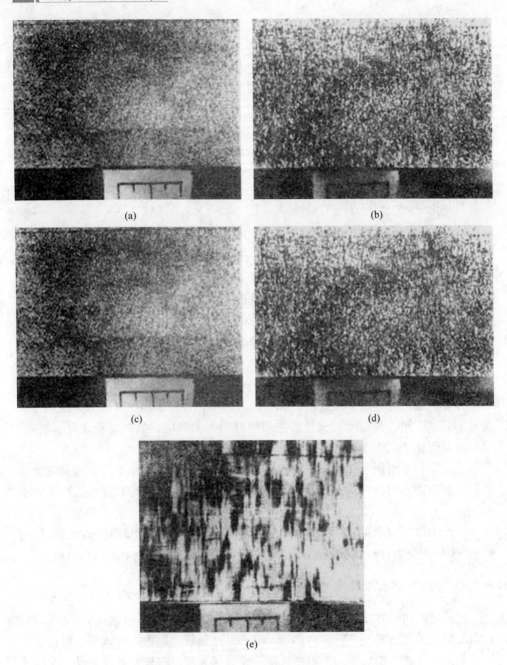

图 3-4 晶粒度等级标准

(a) ~ (e) 分别为 1~5 级晶粒度

上表面冷却较差。因此，过热熔体在上表面结晶前沿形成更大的温度梯度，所以铸轧带坯上表面极易形成粗大晶粒。

羽毛状晶各向异性很强，难以变形。因为只有与孪晶面平行的滑移系统上的位错运动才不受阻碍，其他滑移系统上的位错运动很快被孪晶面或晶界堵塞，造成加工硬化。所以，粗大晶粒在变形时很难破碎，经冷轧后表面出现白条缺陷。由于孪晶组织很难破碎，其变形率小，再结晶退火时，便在该部位形成粗大的晶粒。

根据以上分析，形成粗大晶粒主要原因有：熔炼温度过高，熔体局部过热；冷却强度小，即冷却水温度偏高、水压较低、辊套过厚或辊套材质传热效率低；熔体在炉内停留时间太长；变质剂（晶粒细化剂）加入不合理；金属的纯度过高。晶粒不均匀是由于结晶条件的差异所造成。

3.3.2.2 消除措施

严格控制工艺参数。在生产中严格按工艺操作规程进行操作。主要是控制熔炼与铸轧温度、冷却水温度、水流量与水压。严防熔体过热与铸轧温度偏高。在生产中加强搅拌和扒渣，确保熔体温度均匀。

添加 Al-5Ti-B 丝晶粒细化剂。除了控制工艺参数之外，添加 Al-5Ti-B 丝晶粒细化剂是细化铸轧坯最有效的措施之一。但在实际生产条件下，受各种因素影响，TiB_2 质点易聚集成块，尤其在加入时由于熔体局部温度降低，导致加入点附近变得黏稠，流动性差，使 TiB_2 质点更容易聚集形成夹杂，影响净化、细化效果。由于 Al-5Ti-B 存在以上不足，人们开始寻求更为有效的变质剂。不少厂家已成功试验了 Al-Ti-C 细化剂，收到了更好的细化效果。

Al-5Ti-B 的加入方式，应在静置炉后流槽中逆金属熔体流动方向加入。

为减轻钛的沉积，可以在钛添加点前面的流槽中安装一个流管做变径处理，增加铝液的流速。

为使钛能够充分熔化并且在铝液中均匀分布，将钛添加点的温度控制在 700～720℃。

适当提高前箱液面高度，以提高铸轧区上表面熔体静压力，减少上表面出现粗大晶粒的几率。

使铸轧辊辊面温度均匀，铸轧区内熔体温度均匀，可减少晶粒不均匀的出现。

3.3.3 板形缺陷

3.3.3.1 板形要求

板形要求如图 3-5 所示。

$$中凸度 = \left[H - (H_1 + H_2)/2 \right] \div H \times 100\%$$

要求任一横断面上板形呈抛物线形。厚度最大值在中心点两侧 100mm 范围

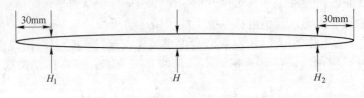

图 3-5 板形要求

内，横断面上任一点的厚度不大于中部厚度 H，且不小于边部厚度 H_1 和 H_2。

尺寸及偏差控制范围见表 3-3。

表 3-3 尺寸及偏差控制范围

产品分类	分类	板厚/mm	宽度变化范围/mm	纵向偏差/%	边差/%	中凸度/%	任意相邻两点差
产品分类	宽板	>1100	<8	<1.5	<0.45	0.1~0.8	2~16
	窄板	≤1100	<6	<1.5	<0.55	0~1	0~10

注：1. 板宽为 1100mm（包含 1100mm）以下为窄板，板宽为 1100mm 以上为宽板；

2. 以 15 块 150±20mm 宽的样片测量值作为板形判定首要依据。

3.3.3.2 凸度过小缺陷

凸度过小在后工序加工时，会出现两边波浪。

A 产生原因

(1) 轧辊磨削凸度偏大。

(2) 冷却强度不够。铸轧过程中，由于温度的分布从边部向中部递增，轧辊辊套的膨胀变形也由边部向中部递增，由于膨胀变形的影响，造成铸轧板凸度过小。

(3) 铸轧区过小。铸轧区小，轧制力和热加工变形小，造成凸度过小。

(4) 铸轧速度过高。铸轧速度过高，铸轧区液穴拉深，轧制力和热加工变形小。

B 消除方法

(1) 减小轧辊磨削凸度。

(2) 增加冷却水的流量和压力。

(3) 加大铸轧区。通过后退铸嘴支撑小车进行调整。

(4) 降低铸轧速度和前箱温度。

(5) 增大轧辊两侧施加的轧制力。

3.3.3.3 凸度过大缺陷

铸轧板凸度过大，在后工序加工时易引起中间波浪。

A 产生原因

（1）合金成分的影响。随合金元素铁、硅、锰等增加，铸轧板凸度有所增加。

（2）板宽的影响。随铸轧板宽度的增加，铸轧板凸度有所增加。

（3）轧辊磨削的影响。轧辊磨削凸度过小，易造成铸轧板凸度过大。

（4）铸轧区的影响。铸轧区增大，轧制力和热加工变形增大，铸轧板凸度变大。

（5）铸轧速度小和前箱温度低。铸轧区液穴变浅，轧制力和热加工率增大，铸轧板凸度增大。

（6）轧辊硬度变化影响。铸轧辊在使用一段时间后，硬度变低，引起凸度增大。

B 消除方法

（1）增大轧辊的磨削凸度。

（2）缩短铸轧区，适当推进铸嘴支撑小车，调整铸轧区长度。

（3）适当提高铸轧速度和前箱温度。

（4）减小轧辊两侧施加的轧制力。

3.3.3.4 边差过大

两边厚差过大，在下道工序轧制时引起单边波浪。

A 产生原因

（1）原始辊缝调整不合适。

（2）轧辊磨削圆锥度偏大。

（3）轧辊轴承间隙过大。

（4）冷却水进、出水温差大。

（5）液压系统不稳或有泄漏。

（6）两端铸轧区大小不一致，可根据板卷的塔层状况进行判断。

B 消除方法

（1）生产前要调整好原始辊缝。

（2）轧辊磨削圆锥度、同轴度要符合要求。

（3）减小轧辊轴承间隙。

（4）冷却水水温要恒定，可增大冷却水量和水压。

（5）检查液压系统是否泄漏，确保其稳定。

（6）适当调整铸轧区。

（7）适当调整轧辊两侧施加的轧制力。

3.3.3.5　纵向厚度偏差

纵向局部板厚偏差可引起下道工序加工时局部波浪。

A　产生原因

（1）轧辊材质的影响。由于材质的不均，导致硬度和热交换的不均，引起厚度变化。

（2）辊芯水槽堵塞，结垢严重，导致辊套受热不均引起铸轧板厚度局部变化。

（3）防粘系统，如石墨喷涂不均，将导致辊套热交换不均引起铸轧板厚度局部变化。

（4）轧辊断面直径波动，即圆度不高。

B　消除方法

（1）选择合理的循环水道结构，确保水流的连续性。

（2）保证冷却水水质。

（3）防粘系统的喷涂要均匀。

（4）若是辊套材质不均引起厚度突变，则要重新换辊。

（5）轧辊磨削时保证周向圆度。

3.3.3.6　翘边、塌边、M 形和 W 形板

翘边是指边部的厚度比靠中间的第一个测量点厚。塌边是指边部第一个测量点厚度比第二个测量点小 0.03mm 以上（含 0.03mm）。M 和 W 形是指板断面厚度呈 M 或 W 形变化。翘边、塌边、M 和 W 形在冷轧过程中会造成边浪、中浪缺陷。

A　产生原因

（1）轧辊材质的影响。由于材质的不均，导致硬度和热交换的不均，引起厚度变化。

（2）辊芯水槽堵塞，结垢严重，导致辊套受热不均引起铸轧板厚度局部变化。

（3）轧辊磨削曲线不好。

B　消除措施

（1）若是辊套材质不均引起厚度突变，则要重新换辊。

（2）选择合理的循环水道结构，确保水流的连续性，对堵塞、结垢等及时清洗。

（3）保证冷却水水质。

（4）轧辊磨削曲线要符合要求。

（5）通过调整轧制力、铸轧速度、卷取张力、铸轧区长度等工艺参数进行解决。

3.3.4　粘辊

粘辊是指铸轧时局部或整个带坯宽度上的黏着层在离开轧辊中心线后不能与轧辊分离，而由卷取张力强行分离，使带坯出现表面粗糙、翘曲不平或横纹等缺陷。

产生原因：熔体温度偏高，铸轧速度快，轧辊冷却强度小，辊面润滑不够，辊面温度不均匀，辊面粗糙度不合格，卷取张力太小等都是产生粘辊的原因。

预防或消除措施：在生产中控制好熔体温度，适当降低铸轧速度，提高轧辊冷却强度，增加辊面润滑，磨削合格的铸轧辊表面粗糙度，适当加大张力等都可以预防粘辊的发生。

3.3.5　热带

热带是铝熔体在铸轧区内某局部区域尚未完全凝固就被铸轧辊带出了所形成的一种缺陷，它没有受到轧制。

3.3.5.1　产生原因

熔体温度偏高，流入铸轧区的熔体温度分布不均匀，液穴长度普遍偏长。在局部温度过高处，液穴会更长，当液穴长度大于铸轧区长度时，熔体未完全凝固，就被铸轧辊带了出来，形成热带。

前箱液面高度偏低，静压力小，造成熔体供应不足。因此，某局部区域一旦熔体温度偏高，就会显示熔体供给不足，产生热带。

铸轧速度过快，以致熔体中局部区域未完全凝固，就被轧辊带了出来。

3.3.5.2　消除措施

一旦发现带坯表面出现热带，首先应适当降低铸轧速度，然后检查前箱熔体温度，若偏高，应立即采取降温措施，使其处于正常范围内。再观察前箱液面高度是否偏低。若偏低，应马上采取措施提高液面高度。

3.3.6　缺边和飞边

铸轧带坯边缘宽出一条形状不规则的金属翘边为飞边。

铸轧带坯边部收缩，带坯变窄，称为缺边。

铸轧速度太快，前箱液面太高，石墨喷涂过大，温度过高，耳子损坏、脱落，耳辊间隙过大，造成了飞边。解决措施为：适当降低铸轧速度、温度和前箱液面高度，减小石墨喷涂量，将辊上的过量石墨擦掉，按规定认真安装耳子等。

前箱液面过低，温度过低，铸轧速度过低，铸嘴边部供流口堵塞，铸嘴内部液流分配不合理或有冷铝，耳部挂渣，造成了缺边。解决措施为：适当提高前箱液面高度，温度和铸轧速度，改善铸嘴内部分流方式，安装前箱时保证铸嘴供流口畅通等。

3.3.7 裂边

裂边是指铸轧带坯的边部破裂。

产生原因：耳部挂渣；耳子安装方式不佳；耳子磨损；铸轧区太长，液穴过深，变形量过大；铸嘴内部分流块不合适，造成熔体流动性差等。

解决措施：控制好温度，避免温度长期过低，造成耳部挂渣、耳子磨损过大和熔体流动性差；适当降低铸轧区长度，减小变形量；改善铸嘴内部分流方式等。

3.3.8 板面条纹

3.3.8.1 纵向条纹

沿铸轧板纵向出现的表面条纹，一般贯穿整个纵向板面。

A 产生原因

（1）嘴辊间隙过小，嘴唇前沿摩擦辊面形成摩擦印痕。

（2）铸嘴局部破损，铸轧时结晶条件遭破坏形成纵向条纹。

（3）铸嘴嘴唇前沿挂渣，或嘴腔局部堵塞，使铸轧条件改变，形成纵向条纹。

（4）嘴辊间隙过大，铝液渗漏到间隙之间凝固成冷铝，摩擦辊面造成条纹。

（5）铸嘴长期使用，前端造成烧结，摩擦辊面造成纵向条纹。

（6）轧辊辊面或牵引辊辊面有划痕，造成板面纵向条纹。

B 防止方法

（1）保证良好的嘴辊间隙，尽量避免嘴辊接触产生摩擦，或渗铝造成冷铝摩擦辊面，出现此类条纹后可尝试增大铸轧区给予解决。

（2）提高轧辊磨削质量，提高圆度，并避免划伤轧辊辊面和牵引辊辊面。

（3）铸嘴局部损坏时，要停机重新立板。

3.3.8.2 横向条纹

A 产生原因

水平波纹产生与液穴弯液面和铝凝壳有关。弯液面较稳定时，没有波纹线产生，若弯液面变化较大，就会使熔体在不同的凝固条件下结晶，这将导致水平波纹的产生。铸轧速度过大，嘴辊间隙过大，前箱液面高度不稳定，均增加弯液面的不稳定性，易出现水平波纹。若弯液面与凝固区发生局部作用，会产生虎皮纹。

B　防止方法

适当降低铸轧速度，保持前箱液面高度的稳定，适当减小嘴辊间隙等。

3.3.9　气道、孔洞

气道是指铸轧板内含有气泡，一般产生于带坯横截面的上半部，并沿带坯纵向延伸，一般会在带坯坯面上呈现一条白道。孔洞表现为铸轧板面上出现纵向凹坑或纵向贯穿孔洞。两者其实是一种缺陷的两种表现形式，孔洞是较严重时的表现形式。

铸轧带坯中存在的内部小气道，在冷轧过程中可能还得不到暴露，但在箔轧时，就会显露出来，产生气道开裂。

3.3.9.1　产生原因

液穴中积留气体。在铸轧过程中，由于受到轧制作用，液穴中的气体不易分散于固体铝带中，始终悬浮于液穴中，时间一长，积留的气体越来越多，形成小气泡。在有气泡处，熔体的流动受到阻碍，因此，就在该处形成孔洞。

供料嘴局部堵塞。熔体通过供料嘴供流时，在供料嘴内腔表面上形成一层氧化皮。这层氧化皮可吸附熔体中的氧化夹杂物，当供料嘴出口端积存的氧化夹杂物达到一定量时，就会造成局部堵塞，阻碍熔体流动，使熔体绕过局部堵塞的氧化夹杂物，从两侧供给。因此，该处熔体供给不足，压力也较小，出现孔洞。同时，在两侧液流交汇处易聚集形成气泡，熔体氢含量越高，聚集越容易。

工艺参数的影响。熔体温度偏高，熔化时间过长，熔体氢含量增多；铸轧速度偏快，熔体中的氢来不及析出等均可形成气道。

另外，氧化夹杂物、转动的轧辊表面掉落的铝灰和供料嘴料粉末都可能堆积在供料嘴的上端，造成供料嘴在局部地方伸长。在伸长处，熔体与铸轧辊表面接触比别处稍晚一些，因此该处的熔体凝固晚，液穴顶部压力小，也容易出现微孔，使带坯表面出现白道。

3.3.9.2　消除措施

消除孔洞、气道的主要措施是：避免液穴内积留气泡和防止供料嘴出口处被堵塞，也就是说要提高熔体的纯洁度，保证液体金属流动不受阻碍，能连续不断地供给，杜绝气体和夹杂物的其他来源。

减少辊套表面裂纹。铸轧辊在应力和冷热交变过程中，辊面会产生裂纹。裂纹有两类，一种是龟裂，几乎没有深度，另一种裂纹的深度可达几毫米，为深裂纹。后者对气体的产生有很大影响。因为，辊套受到循环水冷却，当有表面裂纹时，裂纹处随辊转动也产生周期性的冷热变化，在未接触熔体时，温度很低，一般为 80~100℃，一接触熔体，温度立即上升到 500~600℃，此时，裂纹中含有的气体直接进入液穴中形成气泡，含有的水分可与熔体反应生成氢，进入液穴中的熔体中，形成微小气泡。因此，减少辊套表面裂纹，是消除孔洞和气道缺陷的重要措施。当辊套出现裂纹时，要及时更换或车磨轧辊。

彻底烘干供流系统。新制流槽使用前要充分烘干。另外，铸嘴料、流槽材料易吸潮，因此，使用前应该进行烘烤。

立板前，对熔体要进行精心的净化处理，严格按照规程进行彻底的精炼、扒渣操作，提高熔体的纯净度，预防孔洞和气道的产生。倾斜式轧机在立板跑渣阶段，为了使铸嘴内的温度均匀和气体全部排出，应有充分的跑渣时间。

为了避免供料嘴内腔及出口处积存氧化夹杂物，除加强熔体净化外，可在供料嘴内腔涂一层防粘涂料，减少嘴腔内的挂渣，从而可预防供料嘴的堵塞现象。

3.3.10　板面氧化膜

氧化膜在冷轧后会在板面上形成亮斑。

3.3.10.1　产生原因

氧化膜带出是由于液穴内的氧化膜破裂造成的，氧化膜破裂的原因有：
（1）铸嘴与轧辊间隙大；
（2）前箱液面波动大。

3.3.10.2　预防措施

（1）安装铸嘴时嘴辊间隙不应过大；
（2）提高流管安装质量，保证前箱液面稳定。

3.3.11　其他质量缺陷

（1）夹杂。铸轧带坯内含有炉渣、熔剂、各种耐火材料碎块、金属氧化物及其他杂物，均为夹杂。夹杂多种多样，多呈黑色或耐火材料的颜色，形状不规则。夹杂产生的原因为熔体不净，精炼、过滤效果不佳，供流系统保温材料脱落。预防措施为：提高熔体的纯净度，使用不易脱落的保温材料。

（2）非金属压入。非金属杂物压入带坯表面的称为非金属压入缺陷。供料嘴掉渣或局部脱落，以及铸轧带卷取时，外来脏物粘在带坯上，都会造成非金属压入。预防措施为：供料嘴采用较好材质，在轧辊与卷取机之间采取防尘措施。

（3）塔层。铸轧带坯卷取时呈规律性向一面偏移或倾斜称为塔层。产生原因有：两侧铸轧区长度不一致，卷取机咬入带头的位置偏移。因此，测量铸轧区长度时要认真、准确，掌握好穿带时机等。

3.4 铸轧设备

3.4.1 设备组成

图 3-6 所示为倾斜式铸轧设备。

图 3-6 倾斜式铸轧设备
1—铸轧机；2—牵引机；3—剪切机；4—卷取机

水平式铸轧机和倾斜式铸轧机构造基本相同，主要由供流系统、轧辊、机架、传动部分、液压系统、牵引机、剪切机、卷取机和卸卷小车组成。水平式铸轧机轧辊垂直布置，倾斜式铸轧机轧辊与垂直线呈 15°倾斜布置。

3.4.2 设备点检及维护

3.4.2.1 铸轧机点检

（1）电气部分。各控制柜进出线联结及其他接触部位是否松动发热，有无异味、信号、仪表指示是否正常，继电器动作有无卡阻、声音是否正常，电位器调整线性度可好、电气元件是否清洁，各电机温升是否正常，碳刷接触是否良好、有无放电现象，各操作台柜、按钮是否灵活有效，各接触开关、限位器动作是否有效、快捷。

（2）机械部分。脱气箱各旋转传动部分有无卡阻、抖动现象，有无异响，除气管道是否畅通，控制是否有效，铝钛硼丝供给是否正常。轴承箱在运转过程中有无异响，轧辊、辊身有无抖动，压盖螺栓是否松动。减速箱在运转过程中，齿轮和轴承有无异响，润滑油油位是否正常，联轴器有无抖动、异响。石墨喷涂、托卷小车运行是否平稳，有无异响，动作是否正常，导向轴定位螺栓是否松动。膨胀轴伸缩是否正常，有无抖动、异响。穿料台、剪切机动作是否正常，螺栓有无松动。刀片刃口有无破损。

（3）液压部分。检查液压泵站，油温是否正常（低于55℃），油箱油位是否正常，各用油点压力指示是否正常，各油管联结处有无渗漏现象。各类阀体控制是否有效，动作时泵体有无异常，是否灵活，有无漏油。各执行元件、油缸动作有无卡阻、爬行、渗漏现象。

3.4.2.2 铸轧机维护

（1）电气控制部分。着重对各控制柜、控制台进出线松动螺栓紧固，打磨触头、电机的碳刷，对控制失效的部分进行修理，确保满足设备使用性能。

（2）机械部分。着重对传动、转动、滑动部分的润滑情况及异常现象进行修复，恢复设备正常使用的技术性能。

（3）液压部分。消除或减少系统的渗漏油现象，恢复动力元件、执行元件的使用性能，达到满足生产的技术要求。

3.4.3 铸轧辊

铸轧辊在铸轧过程中起着极为重要的作用，既要承受熔体凝固造成的辊面温度变化产生的应力的影响，又要承受对凝固的带坯施加一定压下量所引起的金属变形抗力的影响。铸轧辊内部都通有循环水进行强制冷却，以便带走熔体释放的凝固热，因此铸轧辊被制造成两部分，辊芯和辊套，辊芯有通水槽，而辊套是由耐温度变化的耐热合金钢制成。

3.4.3.1 辊套应具备的特性

由于辊套在铸轧过程中，与熔融铝接触，吸收其热量，使铝液迅速凝固，然后对已凝固的铝板进行轧制。因此辊套的材质要求有良好的导热性、较高的综合力学性能及较高的抗热疲劳性能，不与铝熔体反应。

3.4.3.2 辊芯应具备的特性

由于铸轧的特点要求强制冷却，辊芯上均有循环强制冷却水槽沟，冷却强度主要取决于槽的形式。槽沟形式各式各样，有纵向的、环形的、螺旋形的、纵向与环形相结合的等（见图3-7）。不管采用哪种形式，目的都是保证铸轧辊辊身长度上的温度相差较小，要求在5℃以下，冷却强度在整个辊身均匀一致。

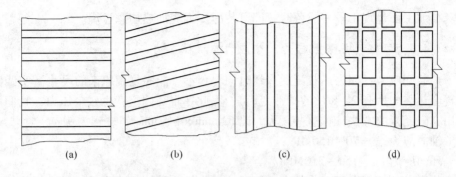

图 3-7 铸轧辊芯槽沟形式

（a）纵向的；（b）螺旋形的；（c）环形的；（d）纵向+环形的

3.4.3.3 辊芯、辊套车磨工艺简介

A 辊套车磨

先初步定好辊芯的最终尺寸，再根据过盈量算出辊套内径尺寸，并对辊套内孔进行粗车，精车，粗磨，精磨。精车时预留 0.80mm 加工余量，粗磨后预留 0.2mm 加工余量，精磨时只要辊套内孔表面圆跳动小于 0.04mm，直线度小于 0.02mm，表面粗糙度小于 0.9μm，无明显烧伤、斑块，便可终止加工，并以此时辊套内表面 32 个点的测量平均值，作为辊套最终尺寸，再加上过盈量，作为辊芯最终尺寸，如辊套内表面最终尺寸为 φ519.20mm，过盈为 0.80mm，则辊芯最终尺寸应为 φ519.20mm + φ0.80mm = φ520.00mm。

B 辊芯车磨

根据前一步确定的辊芯最终尺寸进行加工，精车后预留 0.10~0.20mm 加工余量，方便后续的粗磨，精磨。

必须说明的是辊芯的磨削应等辊套磨完后进行，因为辊套磨削过程中，为了达到要求的公差，可能会提前或推后结束。

C 辊芯、辊套车磨中应注意的几个问题

考虑到轧辊中部受力比边部大，塑性变形较重，因此辊芯凸度定为 1/10000 左右辊芯尺寸为宜。

辊套在车削时，尽可能采用一次车削法，以保证辊套两端同心度；磨削时必须采用一次磨削法，即一次从辊套的一端磨到另一端，否则极易形成辊套两端不同心或同轴度差，装配后有较强剪应力，使用中易炸辊。

磨削好的辊套内表面避免划伤，辊芯上无毛刺，砂土等杂物。

3.4.3.4 辊套的热装配

辊套从室温缓慢加热到 280℃左右用时 8~10h，并在 280℃左右保温 3~5h，辊套精加工面呈现出较好成色时，即可装配。辊套加热切忌过烧。

3.4.3.5　辊套热装配应力、热应力与机械应力

热装配应力：因为热装配后冷却时，辊套不可能回复到原来的尺寸（实践证明辊套热装配后有 7 ~ 8 丝的塑性变形），因此在辊套内壁产生残余压力，我们可以用有限元素的方法计算这些压力，以 620mm×1450mm 铸轧辊为例：

轴向应力 σ_l = 70 ~ 150MPa；

环向应力 σ_c = 150 ~ 250MPa。

热应力：任何温度变化都会引起尺寸变化，单质的和均相的材料，等速的温度变化只会带来体积的变化而不产生应力，如果温度不均匀变化，便会带来热应力。就辊套来说，内表面的温度可以认为是恒定且与冷却水的温度相差不大，热应力的产生主要集中在外表面，每一次循环辊套表面都会产生一个最大的残余应力，若假设材料是一个良好的弹性体，便可根据以下公式估算应力值：

$$\sigma = E\delta\Delta Q/(1-\delta)$$

式中　E——杨氏系数；

　　　δ——膨胀系数；

　　ΔQ——外部温度与内部温度的差，℃。

热应力水平取决于：工作期间辊套表面的温度，接触的弧度，铸轧速度。

机械应力：来源于热装配（静压力），运转（扭转和剪切）及轧制压力（弯曲）。

3.4.3.6　铸轧辊使用

新辊套在第一次使用时，在长达一天的运行中，有时会听到很大的噼啪声，这并不意味着辊套已损坏。对于第一次起动到新辊套与辊芯磨合至最终位置，大约需要一天时间。

磨好的轧辊应该用防护纸包好，避免划伤、锈蚀。

在辊身与辊身之间放置隔垫（木头楔、橡皮垫），以避免辊身互相接触。

在运输过程中，轧辊辊身不得与任何刚性物体有表面接触。

轧辊在立板前应进行充分的烘烤，并关闭铸轧辊的进水阀门（启动前水一定不能在铸轧辊中循环，它能引起冷凝，因此启动时有炸辊的危险）。

在轧辊立板后，旋转一周后，启动水循环，否则易引起辊套打滑。

铸轧辊的粗糙度应在 0.7 ~ 0.9μm 之间，实践证明辊面磨得越粗糙，裂纹扩展得越快，轧辊寿命越短。

3.4.3.7　轧辊的修复

A　确定何时修磨轧辊

由于辊套受力情况复杂并连续不断地经历周期性的温度变化，从而产生了热

疲劳微裂纹和应力微裂纹。实践证明，首批微裂纹总是出现在磨痕的底部，并且微裂纹很小，不易为肉眼所觉察。随着轧制产品数量的增加，也会产生很多新的应力微裂纹，而初始的微裂纹扩展越来越快，裂纹变得越来越深，并且个别的裂纹已能为肉眼清楚所见，说明此处的裂纹已属于开放性裂纹。开放性裂纹的增多，将会导致辊套应力释放，使辊套突然爆裂，因此，必须及时修磨轧辊，彻底去除应力微裂纹后，才能继续使用轧辊。

图 3-8 所示为与一次运转时间有关的裂纹扩展的典型曲线，裂纹扩展分三个阶段，在最后一个阶段③，裂纹扩展速度非常快。

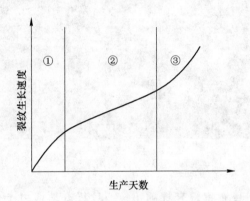

图 3-8 裂纹扩展曲线
①~③为各阶段

B 车磨量的确定

由于辊套消耗在铸轧生产中占了较大的成本，因此每次修磨铸轧辊时，车磨量越小越好。实际车磨量应根据具体使用情况和裂纹的扩展情况定，经验表明，在较为合理的使用情况下裂纹的深度不会超过2mm，并且轧辊直径越大裂纹扩展速度越慢。实际做法是每次修磨轧辊时，先定一个车磨量，车工车削时第一刀深度在0.8~1.0mm，第二刀在0.6~0.8mm，第二次走刀时观察是否断屑，若不断屑则第二次走刀后便可磨削，若断屑则要第三次走刀，直至车削时不出现断屑为止，断屑出现与否为是否继续车削的判断依据。

C 关键参数

粗糙度：在满足生产要求的前提下，尽可能降低粗糙度。表面粗糙度不大于0.8μm。

中凸度：根据轧辊直径、轧制力，合金牌号等因素确定，一般来说下辊的凸度比上辊要高一点儿。

D 铸轧辊冷却水处理

铸轧辊冷却水在铝铸轧生产中起到热交换的作用，水质要求浑浊度不大于

20mg/L，不结垢，防锈，pH 值为 7～8，因此，水中要加入杀菌剂、阻锈剂、缓蚀剂，有些公司甚至使用纯净水来进行轧辊的冷却。

使用的冷却水中杂质过多或药剂加入量不够，容易使管道锈蚀脱落，辊套内壁生锈，最终各种各样的杂质、铁锈、胶状物沉积在水槽内，如图 3-9 所示，妨碍了水的流动和热交换效果，造成轧辊辊套滑动，铝板板形变差。

图 3-9　水槽堵塞

一旦水槽堵塞，只有将辊套提前报废，这样会造成较大的浪费和成本的上升。因此冷却水处理要有专人负责，要定期检测、严格控制水质。

4　风　水　气

4.1　压缩空气

4.1.1　工艺流程

　　压缩空气的主要工艺流程是：空压机→过滤器(除油)→冷干机→过滤器(除油)→活性碳罐(除油、水)→各用风点。

　　空气经过空压机的压缩、冷却和干燥后，进行第一次过滤除油，再由冷干机降温至 −10℃ 并进行干燥，再次过滤，最后通入活性碳罐除油、除水后输送到各压缩空气使用点。

4.1.2　美国英格索兰空气压缩机

　　美国英格索兰公司 SSR 系列螺杆式空气压缩机，是电机驱动的单级或两级螺杆式机组。机组内部包括以下部分：空气进气过滤器，主驱动电机，螺杆主机，油气分离系统，后冷却器，水气分离器，油路控制系统，气路系统，电气检测和控制装置。

　　空压机中空气流程如下：环境空气经过空压机的进气过滤器和进气控制蝶阀，进入螺杆腔，在螺杆腔中空气被压缩，同时与冷却剂（空压机油）形成高压油气混合汽。在油气分离器中，空气与冷却剂分离，然后进入空气后冷却器。经过空气后冷却器冷却的压缩空气在水气分离器中脱出其中包含的水分，水分被自动排出。脱水后的压缩空气从压缩空气出口排出，完成空压。

　　简单来说，流程如下：

| 环境空气 | → | 过滤 | → | 压缩 | → | 冷却 | → | 油气分离 | → | 冷却 | → | 脱水 | → | 使用 |

4.2　氮气

4.2.1　氮气的制取方法

　　氮气在自然界中分布很广，在干燥空气中，氮气含量占空气的 78%，因此空气是制取氮气的最大原料库。

　　工业用氮气的制取是以空气为原料，将其中的 O_2 和 N_2 分离而获得，其方法主要有：低温精馏法（深冷法），变压吸附法，薄膜渗透法和化学吸附法。

4.2.2 变压吸附法制氮原理

4.2.2.1 概念

变压吸附：如果温度不变，在加压的情况下吸附，减压（抽真空或常压）解吸的方法，称为变压吸附。

吸附常常是在压力环境下进行的，变压吸附是加压和减压相结合的方法，它通常是由加压吸附，减压再生组成的吸附-解吸系统。在等温的情况下，利用加压吸附和减压解吸组合成吸附操作循环过程。吸附剂对被吸附气体（吸附质）的吸附量随着压力的升高而增加，并随着压力的降低而减少，同时在减压（常压或抽真空）过程中，释放出被吸附的气体，使吸附剂再生，外界无需供给热量便可进行吸附剂的再生，因此，变压吸附既称等温吸附，又称无热再生吸附。

碳分子筛：是一种以煤为主要原料经过特殊加工而成的活性炭，黑色，表面充满微孔晶体的颗粒，是一种半永久性吸附剂。

4.2.2.2 制氮原理

碳分子筛对氧和氮的分离作用主要是基于 N_2 和 O_2 在碳分子筛表面上的扩散速率不同，较小直径的气体分子 O_2 扩散较快，较多进入分子筛固相（微孔）中，较大直径气体分子 N_2 扩散较慢，进入分子筛固相较少，氧的临界直径为0.148nm，氮的临界直径为0.150nm，这样在气相中可得到氮的富集成分。当压缩空气进入碳分子吸附塔时，增加吸附压力，氧和氮的吸附同时增加，但是，吸附开始后较短时间内，氧的吸附速度大大地超过氮的吸附速度，因此利用碳分子筛对氧和氮在某一时间内吸附量的差别这一特性，由程序控制器按特定的时间程序，结合加压吸附，减压解吸的循环过程（变压吸附过程），完成氮、氧分离，从而在气相中获得高纯度的氮气。

4.2.3 FDA 空分制氮机工艺流程

取自自然界的空气经过无油或有油空压机压缩至 0.6~0.8MPa，进入后冷却器冷却，经冷却后至常温的压缩空气进入主管道过滤器除去水雾后，呈饱和状态的压缩空气进入空气缓冲罐后再进入冷冻干燥器，获得 −10℃（压力露点为 2~10℃）的干燥空气。如使用有油空压机需配置除油器去除压缩空气中的油，使进入主机的空气含油量不大于 $10mg/m^3$，进入主机 FDA 空分制氮机的压力为工作压力，由程序控制器按设定的时间程序发出电讯号，左吸附塔进入工作状态，这时干燥空气进入左吸附塔，经过气流分布器向出口端流动，当干燥压缩空气在工作压力下经过分子筛时，空气中的 O_2、CO_2 和 H_2O 被其吸附，流至出口端的气体，便是 N_2 和 Ar 及微量 O_2 不大于 1% ，此过程需要 60~90s。此时右吸附塔处于减压解吸再生状态，把其上个周期已吸附的 O_2 ，H_2O 和 CO_2 从碳分子筛微孔中靠瞬间压力差脱离排至大气中，当左塔工作（右塔解吸再生）达 60~90s 时，由程序控制器按设定的时间程序实现各阀门工作状态转换，这时右塔工作（左塔解吸再生）从而完成一个工作周期进入下一个工作周期，以此循环来获得源源不断的普氮产品。

普氮产品再经过 FDB/C 氮气纯化装置二级深度脱氧后再去除产品气中的微量水、二氧化碳和尘埃而得到高纯氮气。此过程分两步：第一步，在纯化罐中 280~300℃ 的温度下利用 3093 脱氧剂（主要成分是碳）与残留 O_2 反应生成 CO_2 ，然后碳渣吸附 CO_2 、尘埃和水分；第二步，将气体降温至 60℃ 以下，再进行一次除水完成纯化。

流程图如下：

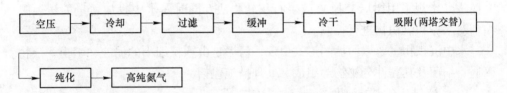

4.2.4 氮气纯度控制

氮气主要使用在铸轧车间炉内精炼、在线精炼、除气箱气体保护等方面。

氮气中 O_2 及 H_2O 含量高，不仅致使熔体氧化和吸气，还会在气泡和铝液界面形成 Al_2O_3 膜，阻碍 H 向气泡内扩散而降低除气效果，故氮气纯度必须达到 99.99% 以上。

4.2.4.1 氮气纯度不够的原因

（1）压缩空气压力不够。
（2）碳分子筛失效，含油水多。
（3）3093（脱氧剂）填充量过少。
（4）氮气使用量大于氮气处理量。

4.2.4.2 氮气纯度的控制方法

（1）保证供气压力稳定。
（2）更换碳分子筛。
（3）及时添加脱氧剂。
（4）统筹安排氮气使用。

4.3　水处理

水主要用于铸轧辊、液压系统、退火炉循环风机和冷干机的冷却。

4.3.1　水处理的内容

水处理包含三个方面：

(1) 水垢及其他沉积物的控制。

(2) 防腐蚀。

(3) 微生物的控制。

4.3.1.1　水垢及其他沉积物的控制

水垢是以碳酸钙为主的硬垢，常规处理方法是将水进行软化处理，即钠离子交换法（常规采用树脂交换）或生石灰软化法，同时向水中投加适量的缓蚀阻垢剂对水垢和沉积物进行控制。

水中沉积物主要以污垢的形式出现，污垢是由颗粒细小的泥沙、尘土、杂物碎屑、细菌及其黏性分泌物等组成。处理措施包括：

(1) 控制补充水的浊度。

(2) 及时杀灭细菌等微生物。

(3) 系统内加过滤装置。

(4) 定期清理系统内的污物。

4.3.1.2　防腐蚀

影响水的腐蚀性的因素主要有：

(1) pH 值，pH 值超出 7~8 的范围时，腐蚀加快。

(2) 活性阴离子能破坏金属表面的钝化层，引起局部腐蚀。

控制措施有：

(1) 控制水的 pH 值在 7~8 的范围内。

(2) 去除水中的活性阴离子。

4.3.1.3　微生物控制

在封闭循环回路中氧含量少，细菌无法大量繁殖，但在喷淋水中，水能捕集和吸附空气中大量的氧气和细菌，细菌会大量繁殖，产生细菌腐蚀和粘垢现象。

控制措施有：

(1) 向喷淋水中投加杀菌剂。

(2) 系统内加装过滤装置，并定期清理系统内的污物。

4.3.2 水处理工艺过程

从动力厂供来的水先通过过滤装置对微生物及污垢进行过滤，然后用树脂置换出水中的钙、镁离子（软化），再利用多层过滤纸进行第二次过滤，再次用树脂软化处理，处理后进入水循环。

水循环分为内循环和外循环。内循环的过程如下：将水加热到要求的温度后供给轧机使用（若温度足够则不用加热），使用后流过喷淋塔中的管道，利用喷淋水冷却管道中的水，流经加热器后再次供使用；外循环是用来冷却内循环管道的，将水从塔顶喷淋到内循环管道上，然后抽到塔顶用风机冷却，再次喷淋，循环使用。

5　生　产　安　全

5.1　熔炼工序

熔炼工序如下：

（1）进入生产现场时，穿戴好劳保用品。

（2）操作前认真做好准备工作，保持工作现场清洁干燥，所用工具定点摆放，使用前必须经过预热干燥。

（3）在炉子中进行加料、搅拌、扒渣、清理时，必须先断电后进行操作。

（4）装炉前要检查炉眼是否堵好，装料时先装固体料，后装液体料，装炉时轻拿轻放严禁重投猛丢，严防损坏加热元件。

（5）不允许用覆盖剂等在炉门上堆坝。

（6）倒包时细心操作，防止包盘落下伤人，倒铝速度不宜过快，防止铝液溅出伤人。

（7）铝水包在吊运中包管应保持在移动方向，以免横扫伤人。

（8）转炉前，要做好准备工作，转炉时检查炉眼、流槽及保温炉入口是否畅通，发现异常及时处理。

（9）在投料、搅拌、清炉、转炉过程中，集中精力，细心操作，防止操作失误而伤人，使用的热工具不准放在人行道上，以免烫伤他人。

（10）清炉时使用的工具不允许用水浇冷。

（11）在熔炼作业过程中，注意观察电气系统是否正常，加热元件有无损坏，熔炼炉炉眼是否堵严，有无漏铝等现象，发现问题及时处理。

5.2　铸轧工序

铸轧工序如下：

（1）在铸轧轧制前所有设备需空转 1~2min，并检查各系统，确认正常后方可进行生产。

（2）清理轧辊表面时，必须在轧辊的出口侧操作，以免手套被旋转辊带入，并严禁擦伤轧辊。

（3）加热流槽时，液化气瓶不能靠近流槽，气瓶不能滚动搬运，不允许倾斜倒置使用。

（4）操作工或维修工在无负荷试剪切机时，刀口附近不能站人，剪切废料时用单剪，并注意喂料工的安全。

（5）脱气箱扒渣时要小心，工具不能碰到转子，以免发生事故，转子放入脱气箱前必须先预热 15min 方能放入铝液。

（6）停机时，应把保温炉眼堵死，确保炉眼不渗出铝液。

（7）准备停机前，必须先烘烤所用铝箱及工具，防止放铝液时爆炸伤人。

（8）铸轧卷及各种物料应堆放整齐，人行道上不准堆放物料，吊运物件时，要仔细检查吊具，吊稳后再指挥行车起吊，并不得在吊物下停留和走动。

（9）开废卷料时，牵引废卷材板头要小心，剪切时要注意到人员安全方可操作。

（10）工作完毕及时清理工作现场，归整工具，严格执行交接班制度。

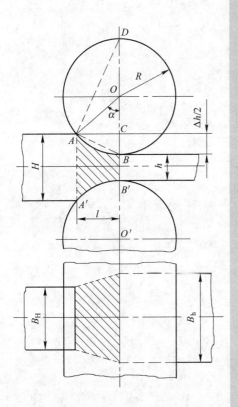

下 篇

板带轧制

6 铝及铝合金轧制理论

6.1 轧制的基本原理

6.1.1 简单轧制过程及变形参数

6.1.1.1 简单轧制过程

人们在生产实践中遇到的轧机结构形式是多种多样的，为了研究方便，常常把复杂的轧制过程简化成理想的简单轧制过程。简单轧制过程是轧制理论研究的基本对象．所谓简单轧制过程应具备下列条件：

（1）两个轧辊均为主传动辊，辊径相同，转速相等，且轧辊为刚性。

（2）轧件除受轧辊作用外，不受其他任何外力（张力或推力）作用。

（3）轧件的性能均匀。

（4）轧件的变形与金属质点的流动速度沿断面高度和宽度是均匀的。

总之，简单轧制过程对两个轧辊是完全对称的。在实际生产中理想的简单轧制过程是不存在的。

6.1.1.2 变形参数

当轧件厚度方向受到轧辊压缩时，金属便朝纵向和横向流动。轧制后，轧件在长度和宽度方向上尺寸增大，而厚度方向上厚度减小。由于轧辊形状等因素的影响，轧制过程中金属主要是向纵向流动（称为延伸），而横向流动（称为宽展）则较少。

在工程上，通常把表示轧件变形程度大小的指标称为变形参数。对轧件常用如下参数表示其变形量。H、B、L 分别表示轧件轧制前的厚度、宽度、长度；h、b、l 分别表示轧件在轧制后的厚度、宽度、长度。

A 变形参数的表示方法

用轧制前、后轧件尺寸之差表示的变形量称为绝对变形量。

绝对压下量（Δh）为轧制前、后轧件厚度 H、h 之差，$\Delta h = H - h$；

绝对宽展量（Δb）为轧制前、后轧件宽度 B、b 之差，$\Delta b = B - b$；

绝对延伸量（Δl）为轧制前、后轧件长度 L、l 之差，$\Delta l = L - l$。

B 用相对变形量表示

轧制前、后轧件尺寸的相对变化表示的变形量称为相对变形量。

相对压下量：$\dfrac{H-h}{H}\times100\%$　　　　$\dfrac{H-h}{h}\times100\%$　　　$\ln\dfrac{H}{h}$

相对宽展量：$\left|\dfrac{B-b}{B}\right|\times100\%$　　　$\left|\dfrac{b-B}{b}\right|\times100\%$　　　$\ln\dfrac{B}{b}$

相对延伸量：$\left|\dfrac{L-l}{L}\right|\times100\%$　　　$\left|\dfrac{l-1}{l}\right|\times100\%$　　　$\ln\dfrac{l}{L}$

C　用变形系数表示

轧制前、后轧件尺寸的比值表示变形程度，此比值称为变形系数。

压下系数：$\eta=\dfrac{H}{h}$

宽展系数：$\beta=\dfrac{b}{B}$

延伸系数：$\mu=\dfrac{l}{L}$

根据体积不变的原理，三者之间存在这 $\eta=\mu\beta$ 的关系。变形系数能够简单而正确地反映变动的大小。

轧制时，轧件从进入轧辊到离开轧辊，承受一次压缩塑性变形，称为一个轧制道次。加工率分道次加工率和总加工率两种。道次加工率是指某一个轧制道次，轧制前后轧件厚度变化的计算值。总加工率有两种：一种是一个轧程（两次退火间）的总加工率，另一种是一个轧程中某轧制道次后的总加工率。总加工率可反映轧件加工硬化的情况。

6.1.2　轧制过程基本原理

6.1.2.1　轧制过程概念

轧制过程是通常指轧件在轧辊间变形的力学过程，具体是指轧辊与轧件（金属）相互作用时，轧件被摩擦力拉入旋转的轧辊间，受到压缩发生塑性变形的过程。通过轧制使金属具有一定的尺寸、形状和性能。

如果轧辊辊身为均匀的圆柱体，这种轧辊称为平辊，用平辊进行的轧制，称为平辊轧制。平辊轧制是生产板、带，箔材最主要的压力加工方法。

6.1.2.2　轧制变形区

轧制时轧件在轧辊间产生塑性变形的区域称为轧制变形区。如图 6-1 所示，轧辊和轧件的接触弧（AB、$A'B'$），及轧件进入轧辊的垂直断面（AA'）和出口垂直断面（BB'）所围成的区域，称为几何变形区（图中阴影部分），或称为理想变形区。

实际上，在出、入口断面附近（几何变形区之外）局部区域内，轧件多少也有塑性变形存在，这两个区域称为非接触变形区。可见，轧制变形区包括几何变形区和非接触区。

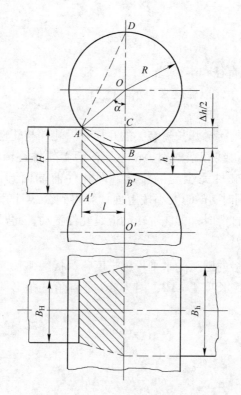

图 6-1 轧制的几何变形区

6.1.2.3 变形区的主要参数

A 咬入角 α

轧件与轧辊相接触的圆弧称为咬入弧，又称接触弧，接触弧所对应的圆心角 α 称为咬入角。由图 6-1 求得：

$$BC = BO - CO = R - R\cos\alpha = R(1 - \cos\alpha)$$

因为：

$$BC = \frac{1}{2}(H - h) = \frac{1}{2}\Delta h$$

则有：

$$\cos\alpha = 1 - \frac{\Delta h}{D}$$

$$\Delta h = D(1 - \cos\alpha)$$

根据三角函数半角公式推导得到：$\sin\dfrac{\alpha}{2} = \dfrac{1}{2}\sqrt{\dfrac{\Delta h}{R}}$

当咬入角 α 很小时（$\alpha < 10° \sim 15°$），例如在冷轧薄板的情况下，取 $\sin\dfrac{\alpha}{2} = \dfrac{\alpha}{2}$ 时，可得：

$$\alpha = \sqrt{\dfrac{\Delta h}{R}}$$

式中 D，R——轧辊直径和半径，mm；

        α——咬入角，以弧度来表示，(°)；

        Δh——压下量，mm。

咬入角 α 是一个与接触弧长短有关的几何量。轧件与轧辊刚接触的瞬间，轧件前棱与旋转轧辊的母线相接触时，α 为零；随着轧件逐渐被拽入辊缝的过程中，α 逐渐增大；当轧件完全充满辊缝，即轧件前端面到达上下轧辊连心线 OO'，并继续进行轧制时，α 的大小按上面计算得到公式计算。当压下量继续增大，轧辊与轧件出现打滑时，即轧辊转动但是轧件不动，此时 α 到达极限值。

B   变形区长度 l

轧辊与轧件相接触的圆弧的水平投影长度称为接触弧长度，也称为变形区长度。由图可知，变形区长度 $l = AC$，因为 AC 是直角三角形 AOC 的一条直角边。根据几何关系得出：

$$l = R\sin\alpha$$
$$l^2 = R^2 - OC^2$$
$$OC = R - \dfrac{1}{2}\Delta h$$
$$l^2 = R - (R - \dfrac{1}{2}\Delta h)^2 = R\Delta h - \dfrac{\Delta h^2}{4}$$

故得出变形区的计算公式：

$$l = \sqrt{R\Delta h - \dfrac{\Delta h^2}{4}}$$

当咬入角 $\alpha \leqslant 20°$，压下量不大于 $0.08R$ 时，实际上的变形区长度近似的用下面的公式表示，此时的计算误差不大于 1%：

$$l = \sqrt{R\Delta h}$$

6.1.2.4 实现轧制过程的条件

A   轧制的过程

在一个道次里，轧制过程可以分为轧件的咬入、拽入、稳定轧制、轧制终了（轧件抛出）四个阶段。

（1）开始咬入阶段：如图 6-2（a）所示。轧件开始接触到轧辊时，由于轧

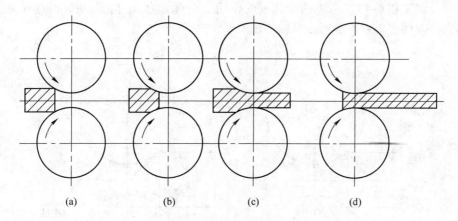

图 6-2 轧制过程的四个阶段

（a）咬入；（b）拽入；（c）稳定轧制；（d）轧件抛出

辊对轧件的摩擦力的作用，实现了轧辊对轧件的咬入。开始咬入为一瞬间完成。

（2）轧件拽入阶段：如图 6-2（b）所示。轧件被旋转的轧辊咬入之后，由于轧辊对轧件的作用力的变化，轧件逐渐被拽入辊缝，直至轧件完全充满辊缝为止。也就是轧件前端到达两辊连心线位置。

（3）稳定轧制阶段：如图 6-2（c）所示。轧件前端从辊缝出来以后，轧制过程连续不断地稳定进行。在这个过程中，轧件通过辊缝承受变形。

（4）轧制终了阶段：如图 6-2（d）所示。从轧件后端进入变形区开始，轧件与轧辊逐渐脱离接触，变形区越来越小，直至完全从辊缝中脱出为止。

在一个轧制道次里，轧件被轧辊开始咬入、拽入，稳定轧制和轧件抛出的过程组成一个完整的连续进行的轧制过程。

稳定轧制是轧制过程的主要阶段。轧件在变形区的流动、变形与力的状况，以及为此而进行的工艺控制，产品质量与精度控制等，都是研究板带材轧制的主要对象。开始咬入阶段虽在瞬间完成，但它是关系到整个轧制过程能否建立的先决条件。

B 咬入条件

依靠旋转的轧辊与轧件之间的摩擦力，轧辊将轧件拽入轧辊之间的现象称为咬入，为使轧件进入轧辊之间实现塑性变形，轧辊对轧件必须有与轧制方向相同的水平作用力。因此，对咬入条件的分析也就是轧辊对轧件的作用力的分析。

C 轧件与轧辊接触瞬间的咬入条件

轧制时，当轧件前端与旋转轧辊接触时，接触点 A 和 A' 处，轧件受到辊面正压力（径向力）N 和切向摩擦力（切向力）T 的作用（受力分析见图 6-3（b）），将作用在 A 点的径向力 N 与切向力 T 分解成垂直分力 N_y 与 T_y 和水平分力 N_x 和

T_x（分解见图6-4），考虑两个轧辊的作用，垂直分力 N_y 与 T_y 对轧件起压缩作用，使轧件产生塑性变形，对轧件在水平方向运动不起作用。

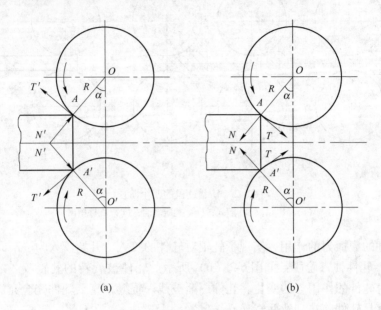

(a)   (b)

图 6-3　轧件与轧辊接触时的受力

（a）轧辊受力；（b）轧件受力

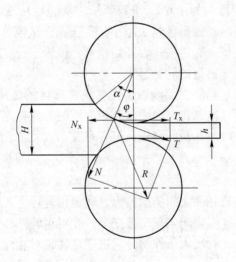

图 6-4　轧件受力分析

水平分力 N_x 与 T_x、N_x 与轧件运动方向相反，阻止轧件进入轧辊辊缝中，而 T_x 与轧件运动方向一致，因此，在没有附加外力作用的条件下，轧件的自然咬入与否取决于水平分力 N_x 和 T_x 之间的大小关系：

当 $T_x < N_x$ 时，轧辊不可能将轧件咬入，轧件过程不能实现。

当 $T_x = N_x$ 时，处于平衡状态，也是咬入的临界条件。

当 $T_x > N_x$ 时，轧辊可将轧件咬入。

由图 6-4 得知：咬入阻力：

$$N_x = N\sin\alpha$$

咬入力：

$$T_x = T\cos\alpha$$

根据库仑摩擦定律：

$$T = fN$$

式中　f——咬入时轧辊与轧件的摩擦系数。

咬入力：

$$T_x = T\cos\alpha = Nf\cos\alpha$$

当 $N_x > T_x$ 时：　　　　　　　$N\sin\alpha > Nf\cos\alpha$

即：　　　　　　　　　　　　$\tan\alpha > f$

如令：　　　　　　　　　　　$f = \tan\beta$

式中，β 为摩擦角。

所以当 $\alpha > \beta$ 时，不能自然咬入，即当摩擦角小于咬入角时不能实现咬入。

当 $N_x = T_x$ 时：　　　　　　$N\sin\alpha = Nf\cos\alpha$

即：　　　　　　　　　　　　$\tan\alpha = f$

也就是 $\alpha = \beta$ 时，处于平衡状态，也是咬入的临界状态。此时轧辊对轧件的作用力之合力恰好时垂直方向，无水平分力。

当 $N_x < T_x$ 时：　　　　　　$N\sin\alpha < Nf\cos\alpha$

即：　　　　　　　　　　　　$\tan\alpha < f$

$$\alpha < \beta$$

所以，当 $\alpha < \beta$ 时可以自然咬入，即当摩擦角大于咬入角时才能开始自然咬入。

D　稳定轧制时的咬入条件

当轧件被咬入并逐渐填充辊间以后，轧件与轧辊的接触面积逐渐增大，轧辊对轧件的合压力点也逐渐向内移动，最大咬入角与摩擦角之间的关系也随之发生变化。如果以 δ 表示尚未被咬入部分弧长（见图 6-5），并假设轧件与轧辊相接触弧上所受的力是均匀分布的，则合力作用点即可假定位于接触弧长的中点，以 Φ 表示合压力作用点的径向线与轧辊联心线间的夹角，而 α_M 咬入时的最大咬入角。因此，随着轧件逐渐充满辊缝间，δ 角将逐渐减小，α_z 角也是逐渐减小的。

由几何关系有：

$$\Phi = (\alpha_{\mathrm{M}} + \delta)/2$$

当轧件完全充满辊间后，δ 角降为零。

即：

$$\Phi = \alpha/2$$

于是有：

$$\alpha_{\mathrm{M}} < 2\beta$$

或：

$$\tan\frac{\alpha_{\mathrm{M}}}{2} < f$$

它为稳定轧制的充分条件。

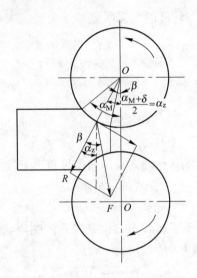

图 6-5　轧件填充辊缝时的接触角

　　但实际上，咬入弧上轧制压力的分布一般是不均匀的，以及稳定轧制时的摩擦系数总是小于咬入初始瞬间的摩擦系数。可见，稳定轧制时的最大可能咬入角一般小于两倍摩擦角。在同样的摩擦系数条件下，在稳定轧制过程中可以比开始轧制瞬间有较大的咬入角，而在同一压下量情况下，稳定轧制过程中轧辊咬入轧件则更稳定。所以：

　　（1）当 $\alpha < \beta$ 时，能顺利咬入也能顺利轧制。

　　（2）当 $\beta < \alpha < 2\beta$ 时，能顺利轧制，但不能顺利的自然咬入，这是可以实行强迫咬入，建立轧制过程。

　　（3）当 $\alpha \geqslant 2\beta$ 时，不但轧件不能自然咬入，而且在强迫咬入后也不能进行轧制。因为开始咬入时的咬入角等于稳定轧制时的接触角。

　　因此，从以上分析，轧件被自然咬入 $\alpha < \beta$ 到稳定轧制时 $\alpha < 2\beta$ 的条件变化，

可得出：

（1）开始咬入时所需摩擦条件最高（摩擦系数大）。

（2）随轧件逐渐进入辊间，水平拉力逐渐增大，水平推出力逐渐减小，因此轧件被拽入的过程比开始咬入容易。

（3）稳定轧制条件比咬入条件容易实现。

（4）咬入一经实现，当其他条件（润滑状况、压下量等）不变时，轧件就能自然向辊间填充，直至建立稳定的轧制过程。

E 影响轧件咬入的因素

根据公式 $\alpha_M < 2\beta$ 和 $\alpha = \sqrt{\dfrac{\Delta h}{R}}$，影响轧制咬入的因素主要有：

（1）轧辊直径及压下量的影响。

1）当 Δh 一定时，轧辊直径 D 越大，咬入角越小，越容易咬入。

2）当咬入角 α 一定时，轧辊直径越大，则压下量也越大。

3）当轧辊直径 D 一定时，压下量 Δh 越大，则咬入角越大，则咬入越难。

（2）轧件形状的影响。

1）当轧件前端大于后端时，不利于咬入。

2）当轧件前端小于后端时，特别是两端呈尖形或者楔形时有利于咬入。

（3）轧辊表面状态的影响。当轧辊辊面接触摩擦越大，也就是表面越粗糙，摩擦系数越大，越有利于咬入。

（4）轧制速度的影响。

1）低速咬入时，也可增大咬入时的摩擦，改善咬入条件。

2）轧制速度提高，则不利于咬入。

轧制速度影响咬入的原因，一方面是由于轧制速度的提高，降低了轧辊与轧件之间的摩擦系数，加大咬入难度；另一方面是由于轧制速度提高产生了妨碍轧件咬入的惯性力。因此，生产上应采用"低速咬入，高速轧制"的操作方法。

6.2 轧制时轧件的流动与变形

6.2.1 影响轧件流动与变形的因素

轧制过程轧件（金属）的流动与变形，及变形抗力受到许多因素的影响。这些因素的影响，在生产条件下又常常表现为不同形式，而且各因素之间又互为影响，使轧制过程复杂化。

影响轧制过程金属流动与变形的因素，可分成两类：

（1）影响金属本身性能的一些因素，如金属的化学成分、组织结构及热力学条件（变形温度、变形速度和变形程度）。

（2）影响应力状态条件的因素，如外摩擦、轧辊形状和尺寸、外端张力和轧件尺寸等。

6.2.2 轧制过程中的纵向变形——前滑和后滑

6.2.2.1 前滑

轧件的出口速度大于该处轧辊圆周速度的现象称为前滑。前滑值的大小是由轧辊出口断面上轧件与轧辊速度的相对差值来表示：

$$S_h = \frac{v_h - v}{v} \times 100\%$$

式中，S_h 为前滑值；v_h 为轧件的出口厚度；v 为轧辊的圆周速度。

前滑的测定，将上式中的分子和分母乘以轧制时间 t，则得：

$$S_h = \frac{v_h \times t - v \times t}{v \times t} \times 100\% = \frac{l_h - l_0}{l_0} \times 100\%$$

式中，l_h 为在时间 t 内轧出的轧件长度；l_0 为在时间 t 内轧辊表面任一点所走的距离。实际上，轧制时得前滑值一般为 2% ~ 10%。

6.2.2.2 后滑

后滑是指轧件的入口速度小于入口断面上轧辊水平速度现象。后滑值用入口断面上轧辊的水平分速度于轧件入口速度差得相对值表示：

$$S_H = \frac{v\cos\alpha - v_H}{v\cos\alpha} \times 100\%$$

式中，S_H 为后滑值；α 为接触角；v_H 为轧件的入口速度。

6.2.2.3 前滑、后滑与延伸的关系

因为轧件由轧前的原始厚度 H 经过轧制压缩至轧后厚度 h 时，进入变形区的轧件厚度逐渐减薄，根据塑性变形的体积不变条件，则金属通过变形区内任意横断面的秒流量必然相等，根据前滑值计算公式：

$$v_h = v(1 + S_h)$$

即：

$$F_H \times v_H = F_h \times S_h$$

$$v_H = v_h \frac{F_h}{F_H} = \frac{v_h}{\lambda}$$

λ 为延伸系数，将 $v_h = v(1 + S_h)$ 代入上式，得：

$$v_H = \frac{v}{\lambda}(1 + S_h)$$

最后得：

$$S_H = 1 - \frac{v_H}{v\cos\alpha} = 1 - \frac{\dfrac{v}{\lambda}(1 + S_h)}{v\cos\alpha}$$

$$\lambda = \frac{1 + S_h}{(1 + S_H)\cos\alpha}$$

轧制过程速度见图6-6。

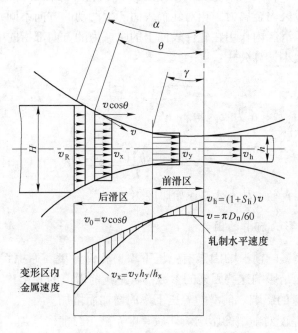

图 6-6　轧制过程速度

当轧制薄板时，α 很小，则有：

$$\lambda = \frac{1 + S_h}{1 - S_H}$$

由上可知，当延伸系数 λ 和轧辊圆周速度 v 已知时，轧件进出轧辊的实际速度 v_H 决定于前滑值 S_h，或知道前滑值便可求出后滑值 S_H，当前滑和后滑增加，延伸系数增大；延伸系数和接触角一定时，前滑值增加，后滑值必然减小，反之亦然。但是要区别延伸和前滑、后滑的概念：延伸是厚度方向受压缩的金属绝大部分向出口方向流动，产生纵向变形，使轧件伸长；前、后滑是指轧件与轧辊相对滑动量的大小，即两者速度差的相对值。

6.2.2.4　中性角 γ 的确定

中性角 γ 是决定变形区内金属相对轧辊运动速度的一个参量。根据在变形区内轧件对轧辊的相对运动规律，中性面所对应的角 γ 为中性角。在此面上轧件运动速度同轧辊线速度的水平分速度相等。而由此中性面将变形区划分为两个部分，前滑区和后滑区。在中性面和入口断面间的后滑区内，在任一断面上金属沿断面高度的平均运动速度小于轧辊圆周速度的水平分量，金属力图相对轧辊表面向后滑动；在中性面和出口断面间的前滑区内，在任一断面上金属沿断面高度的平均运动速度大于轧辊圆周速度的水平分量，金属力图相对轧辊表面向前滑动。由于在前、后滑区内金属力图相对轧辊表面产生滑动的方向不同，摩擦力的方向不同。在前、后滑区内作用在轧件表面上的摩擦力的方向都指向中性面。

中性角的大小计算公式：

$$\gamma = \frac{\alpha}{2}\left(1 - \frac{\alpha}{2f}\right)$$

式中，f 为摩擦系数；α 为咬入角。

芬克前滑公式：

$$S_{\mathrm{h}} = \frac{(D\cos\gamma - h)(1 - \cos\gamma)}{H}$$

式中，D 为轧辊直径；H 为入口原始厚度。

6.2.2.5　影响前滑的因素

总的来说，影响前滑的因素有：压下率，轧件厚度，摩擦系数，轧辊直径，前后张力等。凡是影响这些因素的参数都将影响前滑值的变化。

（1）压下量的影响。前滑随着压下率的增加而增加。

（2）轧件厚度对前滑的影响。轧后厚度 h 减少时前滑增加。

（3）轧件宽度对前滑的影响。当轧件宽度小时（因实验条件不同而不同），随宽度增加前滑增加；但当轧件宽度大于一定值时，宽度再增加时，其前滑值为一定值。

（4）轧辊直径对前滑的影响。从芬克的前滑公式可见，前滑值是随辊径增加而增加的。

（5）摩擦系数对前滑的影响。在压下量及其他工艺参数相同的条件下，摩擦系数越大，前滑值越大。

（6）张力对前滑的影响。通过试验证明，有张力存在时，前滑显著增加。前张力增加时，则使金属向前流动的阻力减少，从而增加前滑区，使前滑增加。反之，后张力增加时，则后滑区增加。

6.2.3　轧制过程中的横向变形——宽展

轧制时金属沿横向流动引起的横向变形，通常称为宽展。轧制时的宽展通常用 $\Delta B = b - B$ 表示（B、b 分别表示轧制前后的轧件宽度）。轧制时，宽展会引起单位压力沿横向分布不均匀，导致轧件沿横向厚度不均，边部开裂，造成几何损失增加，成品率下降。

6.2.3.1 宽展的组成

宽展一般由以下几个部分组成：滑动宽展 ΔB_1、翻平宽展 ΔB_2 和鼓形宽展 ΔB_3。滑动宽展是变形金属在与轧辊的接触面上，由于产生相对滑动使轧件宽展增加的量；翻平宽展是由于接触摩擦阻力的作用，使轧件侧面的金属，在变形过程中翻转到接触表面上，使轧件的宽度增加；鼓形宽展使轧件侧面变成鼓形而造成的展宽量。宽展之间的相互关系，当摩擦系数越大，不均匀变形就越严重，此时，翻平宽展和鼓形宽展的值越大，滑动宽展越小。

6.2.3.2 影响宽展的因素

(1) 相对压下量的影响。相对压下量越大，宽展越大。随着压下量的增加，宽展量也增加，这是因为压下量增加时，变形区长度增加，因而使纵向塑性流动阻力增加，纵向压缩主应力值加大。根据最小阻力定律，金属沿横向运动的趋势增大，因而宽展加大。

(2) 轧制道次的影响。在总压下量一定的前提下，轧制道次愈多，宽展越小，因为，在其他条件及总压下量相同时，当多道次轧制时，变形区形状 l/b 比值较小，所以宽展也小。

(3) 轧辊直径对宽展的影响。其他条件不变时，宽展 Δb 随轧辊直径 D 的增加而增加。因为当 D 增加时变形区长度加大，使纵向的阻力增加，根据最小阻力定律，金属更容易向宽度方向流动。

(4) 摩擦系数的影响。摩擦系数的影响随变形区的形状不同而不同。窄带材的变形区狭长，则板材轧制时的变形区宽而短，当摩擦系数增加时，对于狭而长的变形区，金属被迫更多地流向两边，即宽度增加，对于宽而短的变形区，宽展减少。根据以上分析可以知道，轧制宽板时，宽展很小，可以忽略不计。

(5) 张力影响。在采用张力的情况下，可能得到负宽展，即轧件的宽度减少。

(6) 宽展的计算公式。在平辊轧制有色金属时应用较广的经验公式，这个公式考虑了变形区长度和加工率等对宽展的主要影响因素。

$$\Delta b = C \times \frac{\Delta h}{h_0} \sqrt{R \Delta h}$$

式中，C 为常数，一般金属（$t = 400\,^{\circ}\mathrm{C}$）的 C 值为 0.45。

7 板带材生产的板形控制与厚度控制

在铝板带生产中，板带材产品以获取良好的板形质量以及精度高的板带材厚度为目标。下面将介绍板材的板形控制与厚度控制手段方法。

7.1 板形与横向厚度精度控制

7.1.1 辊型与辊缝形状

7.1.1.1 辊型

辊型是指轧辊辊身表面的轮廓形状。原始辊型是指刚磨削好的辊型。通常用辊身中部的凸度 c 表示辊型大小，当 c 为正值是凸辊型；c 为负值是凹辊型；c 为零是平辊型，即圆柱形辊面形状。实际上，辊型凸度最大值表示轧辊辊身中部与辊身边缘的半径差。其大小由轧辊的弹性变形（弯曲挠度、压扁）和不均匀热膨胀决定。图 7-1 为原始辊型表示方法。

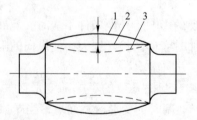

图 7-1 原始辊型表示方法
1—凸辊型；2—平辊型；3—凹辊型

冷轧的辊型受压力时的弹性压扁、弯曲和变形热的影响：轧辊因受轧制力而弯曲（压力辊型）；轧辊因受热不均匀而产生不均匀膨胀，即中部比边都膨胀大（温度辊型），为了补偿因压力和温度所引起辊型的变化。对冷轧机而言，压力辊型是主要的，因此通常冷轧机的轧辊辊型所选择的弧度为凸度。凸度的大小与轧制压下量，轧件的屈服强度和宽度，轧辊的受热条件，轧机和轧辊的材质及轧制时的张力有关。凸度选得过大，会引起中部波浪，或张力拉偏造成断带；凸度过小又可能限制轧机负荷能力的充分发挥，即为了防止边浪的发生而不能施加过大的压力。

7.1.1.2 辊缝形状

辊缝形状：如果上下两个工作辊型为凸辊型，对应的辊缝形状呈凹形，轧后金属横断面呈凹形；反之，工作辊型为凹形，轧后金属横断面呈凸形；若工作辊型为理想的平辊型，平直的辊缝形状，轧后金属横断面呈矩形。因此，除来料横断面形状之外，板形与横向厚度差主要决定于工作辊缝形状。

7.1.1.3 轧辊表面状态

冷轧机一般包括工作辊和支撑辊，工作辊表面应无缺陷，粗糙度符合要求。表面坚硬，中心韧软，并且使用寿命长，工作辊一般为合金钢锻造而成。辊身硬度要求在肖氏 95 ~ 100 以上，辊颈硬度为肖氏 45 ~ 50 以上；支撑辊的硬度低于工作辊，避免磨伤工作辊表面。支撑辊的硬度一般为肖氏 60 ~ 65，其辊颈为肖氏 42。支撑辊一般出现过重麻坑或纵向亮条纹应予更换重磨，否则会影响板带材表面质量和磨伤工作辊。由于轧制时产生很大的接触应力和交变应力，使用一段时间后支撑辊疲劳，其表面出现剥落，要进行重磨。

7.1.2 板形与横向厚差

7.1.2.1 板形及其表示方法

A 板形

板形通常是指板带材的平直度。即板材各部位是否产生波形、翘曲、侧弯及瓢曲等。板形的好坏取决于板带沿宽度方向的延伸是否相等，即压缩率是否相同。这一条件由轧前坯料横断面厚度的均匀性，辊型或实际辊缝形状所决定。

波形指板带材纵向呈起伏的波浪。波浪有双边波浪、中间波浪、单边波浪等。冷轧薄板带常产生局部的折皱（又称压折）。当板带两边延伸大于中部，则产生对称的双边波浪。反之，如果中部延伸大于两边部，则产生中间波浪。若两边的压下量不一致，压下量大的一边延伸大、则产生单边波浪或侧弯（镰刀弯）。当波浪在轧件横向、纵向同时增大，单元波浪的面积较大、板形凸凹形的轮廓近似成椭圆或圆形时，通常称为瓢曲。在轧件两边缘与中间的两侧均有波浪称双侧波浪（二类浪）。轧件离开轧辊出口处后向上或向下，或者沿宽度方向出现的弧形弯曲叫翘曲。

只要板带材中存在残余的内应力，就会导致板形不良。虽然这个应力存在，但不足以引起板形缺陷，则称"潜在的"板形不良，如果应力足够大，以致引起板带波形等，则称"表观的"板形不良。在张力作用下，冷轧带材有时并未产生波浪，但张力去除后，带材仍出现明显的波浪，或经纵剪后出现侧弯或浪皱，属潜在的板形不良。

板形缺陷的产生是由于轧件沿宽度方向上的纵向延伸不均匀，出现了内应力的结果。延伸较大部分的金属被迫受压，延伸较小部分的金属被迫受拉，拉应力作用不会引起板形缺陷。但是，当延伸较大的部分所受附加压应力超过一定临界值时，则会出现类似受压杆件丧失稳定那样，表现出在附压应力作用下，该部分板材将产生不同形式的弯曲，形成波形、瓢曲等板形缺陷。侧弯部分受压应力来达到一定的临界值，不呈现波浪或瓢曲。沿宽度方向纵向延伸越不均匀，轧后轧件内部残余应力就越大，板形缺陷就越严重，尤其是薄板带。

由此可见，为了获得良好的板形，轧制时必须保证轧件沿宽度方向各点的纵向延伸相等，或压下率相等。

B　板形的表示方法

定量表示板形，是生产中衡量板形质量的需要。采用波形表示法较为直观，将带材切取一段置于平台上，如将其最短纵条视为一条直线，最长纵条视为一正弦波，可将带材的不平度 λ 表示为：

$$\lambda = \frac{h}{L} \times 100\%$$

式中　h——波高；

　　　L——波长。

当 λ 值大于 1% 时，波浪及瓢曲比较明显，一般生产中要求矫平后的产品 λ 值应小于 1%。图 7-2 为板材的波浪度。

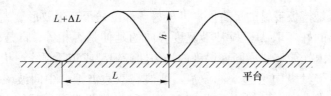

图 7-2　板材的波浪度

若波形曲线部分长为 $L + \Delta L$，并视为正弦曲线，则曲线部分和直线部分的相对长度差，可线积分求得长度后得出，即：

$$\frac{\Delta L}{L} = \left(\frac{\pi}{2} \times \frac{h}{L} \right)^2 = \frac{\pi^2}{4} \lambda^2$$

相对长度表示法：在上式中表示了不平度 λ 和最长、最短纵条相对长度差之间的关系，它表明板带波形可以最为相对长度差的代替量。只要测出板带波形，就可以求出相对长度差。美国是用板带宽度上最长和最短纵条上的相对长度差表示，单位是百分数。加拿大铝业公司也是取横向上最长和最短纵条之间的相对长度差作为板形单位，称为 I 单位，相对长度差等于 10^{-5} 时为一个单位，用于表示板形的不平度或板形偏差：

$$\Sigma_{st} = \left(\frac{\Delta L}{L}\right) \times 10^{-5}$$

例如，不平度为 1% 时，板形偏差换算成以 I 作单位则为 25I。冷轧铝材的典型板形偏差：轧制产品为 50I，经过矫直后的产品 25I，拉伸矫平产品为 10I。现代化的轧机采用板形自动控制系统，冷轧板不平度从 30I 提到到 10I，经拉弯矫可达 3I 单位。

7.1.2.2 横向厚差（板凸度）

板带材沿宽度方向的厚度差，称为横向厚差（板凸度），它决定于板带材轧后的断面形状，或者轧制时的实际辊缝形状。忽略板材边部减薄的影响，通常横向厚度是指板材横断面中部与边部的厚度差。横向厚度决定于板材横断面的形状。矩形断面的横向厚差为零，属于用户希望的理想情况。楔形断面是一边厚另一边薄，其横向厚差主要是两边压下调整不当，或者轧件跑偏引起的。而对称的凸形或凹形断面，分别表现出中部厚两边薄，或中部薄两边厚。多数情况下是中部厚两边薄，其横向厚差主要是轧制时承载辊缝形状造成的，即金属沿横向的纵向延伸不均。

横向厚差或者板凸度的大小，通常用轧件横断面中部厚度 h_x 与边部厚度 h_b 的差值表示。轧制后其横向厚差 δ 为：

$$\delta = h_x - h_b$$

对于凸形断面 δ 为正，凹型断面 δ 为负，生产中要尽量使 δ 为零，但是在实际生产中，要获得理想的矩形断面很困难，一般根据不同产品、规格等要求，控制在允许的偏差范围内。为了有利于轧件的稳定和对中，有时希望板材断面有少许凸度，但是会降低横向厚度精度，尤其较薄板带材影响更大。

7.1.3 板形与横向厚差的关系

为了保证良好的板形，必须使板带材沿宽度方向上各点的纵向延伸相等，即中部的延伸应该等于边部的延伸。假设轧制前板带边部的厚度为 H，而中部厚度为 $(H+\Delta)$，轧制后其边部厚度为 h，中部厚度为 $(h+\delta)$。根据板形良好的条件，若忽略宽展，那么中部的延伸应该等于边部的延伸，即板形良好的条件是：

$$\frac{H+\Delta}{h+\delta} = \frac{H}{h} = \lambda$$

通过比例变换得：

$$\lambda = \frac{H}{h} = \frac{\Delta}{\delta}$$

式中，λ 为延伸系数；Δ 为轧制前板带横向厚差；δ 为轧制后板材横向厚差。

根据上述公式，若坯料横向厚度差越大，为了获得良好的板形，则轧后横向厚差也越大。因此，对于铸轧生产时，就要对横向厚差严格控制，有利于提高成品的厚度精度。因此，若来料板形本身带有横向厚差，在获得良好板形的同时，又想得到没有横向厚差的冷轧产品是不可能的，其横向厚差只能与压下率成比例地减小而不能完全消除。也就是说，只要保证板形良好的条件下轧制，则轧后的横向厚度 δ 总小于坯料厚差 Δ，要想减小产品横向厚差 δ，只有加大冷轧的压下率。

但是如上述板形良好的轧件，横向厚度差不一定小。因为这与坯料横向厚差的大小有关。反之，轧后横向厚差小，板形不一定好，因为与坯料断面形状和尺寸有关。还可以从控制的实质来理解，板凸度控制是改变凸度（改变断面形状），而板形控制是不改变断面形状，相反要保持轧制前后横断面的相似性。如果进出辊缝的板材断面尺寸形状不相似，就必然造成板形不好。

板形与板凸度控制既存在矛盾性，又有一致性。当坯料横向厚差和板形较好的情况下，两者控制具有一致性，即板形良好，厚差也小。反之，当坯料的板形与横向厚差不好的情况下，两者控制体现出矛盾性，即保证板形好，就保证不了横向厚差小，反之亦然。

冷轧特别是板带既宽又薄，对不均匀变形的敏感性特别大，微小的延伸差会引起板形大幅度恶化。所以，对于冷轧尤其冷轧薄板带控制的难点和重点主要是板形。冷轧只要对坯料的横向厚差提出一定要求，按板形良好条件进行控制，就可以保证板形与横向厚差都符合一定要求。

7.1.4　辊型的选择与配置

板形的好坏与横向厚度精度，主要决定于轧制时的工作辊和辊缝形状。

7.1.4.1　影响辊缝形状的因素

凡是影响辊缝形状的一切因素，都要影响板形和横向厚差。轧制过程影响辊缝形状的因素很复杂，主要有轧辊的弹性弯曲和轧辊的热膨胀等。

A　轧辊的弹性弯曲

在轧制压力的作用下，轧辊产生弹性弯曲变形，即轧辊在中心线呈现弯曲变形，使辊缝的中部尺寸比边部大，形成凸辊缝形状。凡是影响轧制压力的因素（金属变形抗力、轧辊直径、摩擦条件、压下量、轧制速度、张力等），均影响轧辊的弹性弯曲，改变辊缝的形状。当其他条件一定时，轧制压力变化越大，影响也越大。通常轧辊弯曲变形和辊缝形状的影响最大。

B　轧辊的热膨胀

轧制时轧件变形热、摩擦热和高温轧件传递的热量，使轧辊温度升高；轧制油、空气和轧辊接触的部件，又会使轧辊温度降低。由于轧辊受热和冷却条件沿辊身长度是不均匀的，通常靠近辊颈部分冷却好、受热较少。所以辊缝中部比边部热膨胀大，形成热凸度，成凹型辊缝形状。

热凸度值近似计算公式：

$$\Delta R_t = mR\alpha(t_z - t_s)$$

式中，t_z、t_s 为辊身中部和边部的温度，℃；R 为轧辊半径，mm；m 为轧辊心部和表面温度不均匀的系数，一般 $m = 0.9$；α 为轧辊线膨胀系数，钢辊 $\alpha = 1.3 \times 10^{-5}$，1/℃。

C 轧辊的弹性压扁

轧件与工作辊之间，工作辊与支撑辊之间均产生弹性压扁。决定辊缝形状的不是弹性压扁的绝对值，而是压扁量沿辊身长度方向的分布情况。假如单位压力沿轧件宽度均匀分布，则变形区工作辊的弹性压扁在辊身中部的分布也是均匀的，只是轧件边部由于宽展等原因，其压扁值小。工作辊与支撑辊之间，由于接触长度大于轧件与工作辊的接触长度，其压力分布是不均匀的，结果引起轧辊之间弹性压扁值沿辊身长度方向分布不均。实践证明，轧件宽度和辊身长度的比值 B/L，以及工作辊、支撑辊直径的比 $D/D_支$ 愈小，则两辊间压力分布的不均匀性愈大，沿辊身压扁值的分布不均匀性也愈大。因为辊身中部压扁量大，是工作辊型凸度减小。假若沿辊身长度方向为均匀压扁，则只改变辊缝大小，不影响板形。

D 轧辊的磨损

工作辊与轧件、工作辊与支撑辊之间的摩擦使轧辊产生磨损。影响轧辊磨损的因素很多，例如轧辊与轧件的材质，辊面硬度和粗糙度，轧制压力与轧制速度，润滑与冷却条件，前滑与后滑，工作辊、支撑辊之间的滑动速度等，均会影响轧辊的磨损速度。其磨损量沿辊身长度方向的分布不均，通常是辊身中部大于边部。但是轧辊磨损量由于影响因素复杂，只能靠实测值找出磨损规律。通常采取改变工艺进行补偿，就是根据不同产品安排不同轧制顺序，合理控制辊型，更换新磨削好的工作辊和支撑辊等方法进行补偿。

E 其他方面的影响

轧辊的原始辊凸度，来料板凸度，板宽和张力等，对辊缝形状和板形都会产生一定影响。来料断面形状和工作辊辊缝形状相匹配，是获得良好板形的重要条件。板宽的变化，实质上是通过影响轧机横向刚度，而改变辊缝形状的。张力的波动，引起轧制压力变化，影响轧辊的热凸度，导致辊缝发生变化。

7.1.4.2 辊型的合理选择

辊型的合理选择，可以提高板形与横向厚度精度，充分利用设备、操作稳定，以及有效地减轻辊型控制的工作量，强化轧制过程，提高生产效率。一般地，在一套轧机上轧制多种规格的产品，尽量地把宽度和合金成分相近的组合在一起，共用一套辊型较为合理。

7.1.4.3 辊型配置

辊型的配置，对生产操作，工艺控制，产品质量和产量都有很大的影响。

冷轧辊型配置一般有三种方法：两个工作辊均无凸度，即使用平辊型；两个工作辊都要凸度；或只有一个工作辊有凸度，另一个工作辊无凸度的配置方法。

7.1.5 辊型控制

对辊型的控制实质上就是对板形的控制。原始辊型的设计、选择与配置只是辊型控制的基础。实际轧制，原始辊型不能随轧制条件的改变而变化，因此，轧制时只有随时调整和正确控制辊型，才能有效地补偿辊型变化，获得高精度产品。

7.1.5.1 调温控制法

合理控制辊温的辊型调整方法称为调温控制法，又称为热凸度控制法。

调温控制通常沿辊身设有分段的调温装置，给轧辊冷却或加热，改变并控制辊身的温度分布，以达到控制辊型的目的。冷却液分段控制：其方法常用乳液、水或油作冷却润滑剂，冷却液的作用是能够带走轧辊的热量，防止辊身过热，同时也起到润滑作用。只要改变沿辊身长度方向冷却液的流量与压力分布，就可以改变各部分的冷却条件，从而控制轧辊的热凸度。

铝及铝合金冷轧，一般采用全油进行冷却润滑，控制思路为：当轧件出现中间波浪，说明凸度太大，此时应增大辊身中部或减小肋部的冷却液流量，使辊身中部热凸度减小；当出现双边波浪，则减小辊身中部的冷却液流量，增大辊身中部的热凸度；局部出现波浪则针对性的增大相应区域的冷却液流量，局部过紧则减小相应区的冷却液流量。

用冷却液对辊型控制可以很好的缓解辊身局部过热的情况，但是其反应较慢，在现代高速轧机上难以进行有效、及时的控制。

7.1.5.2 液压弯辊

液压弯辊是利用安装在轧辊轴承座内的液压缸的压力，是工作辊产生附加弯曲，实现辊型调整的方法。液压弯辊的原理是通过液压缸给轧辊施加液压弯辊力（附加弯曲力），是轧辊产生附加挠度，以便快速改变轧辊的工作凸度，而补偿轧制时的辊型变化。

液压弯辊，根据弯曲的对象和施加弯辊力的部位不同，通常分为弯曲工作辊和弯曲支撑辊，每种弯曲又分为正弯和负弯。弯曲支撑辊的弯辊力不是施加在轧辊轴承座上，而是施加在支撑辊轴承座之外的轧辊延长部分。这种结构可以同时调整纵向和横向的厚度差。

采用弯曲工作辊时，液压弯辊力通过工作辊轴承座传递到工作辊辊颈上，使工作辊发生附加弯曲。在工作辊与工作辊轴承座之间施加一个轧制压力方向相同的弯辊力，称为正弯，在弯辊力的作用下，使工作辊挠度减小，即增大了轧辊的工作凸度，防止双边波浪。在工作辊与支撑辊之间，向工作辊施加一个与轧制压力方向相反的弯辊力，称为负弯，在弯辊力的作用下，使工作辊挠度增大，即减小了轧辊的工作凸度，防止中间波浪。但是，采用负弯时，当轧件咬入、抛出及断带时，液压系统需切换，防止轧辊发生撞击损伤工作辊。

液压弯辊控制对称波浪有效，但不能解决较复杂的板形缺陷；在板宽之外，工作辊和支撑辊之间的接触应力限制了弯辊效果的发挥；弯辊力不仅使轧机有关部件负荷增加，降低其使用寿命，有时还会影响轧出的板厚，所以液压弯辊的控制方法也是有局限性的。

7.1.5.3 变弯矩控制法

变弯矩控制法是以控制轧辊弹性变形为手段的辊型调整方法。这种方法反应比较迅速，通常是通过改变道次压下量、轧制速度与张力，从而改变轧制压力，以此改变轧辊弯曲挠度，及时补偿辊型的变化。轧辊的弯曲挠度即在轧制压力的作用下，沿轧辊轴线方向辊身中部相对于边部的位移量。

如果轧辊凸度较小以致出现边部波浪时，则适当的减小压下量，或增大张力特别是后张力，这样可以使轧制压力降低，使轧辊挠度减小，以补偿辊型凸度的不足。此外，提高轧制速度，增加变形热，升高辊温，来增大辊型凸度。

采用变弯矩控制法，张力调整范围较小，纠偏能力弱，有时增大张力看起来板带平直，一旦取消张力，潜在的板形不良就暴露出来。

7.2 板带材纵向厚度控制

7.2.1 影响板带材纵向厚度的因素

影响板带材纵向厚度的主要因素有：坯料尺寸与性能，轧制速度、张力、润滑等轧制工艺条件，以及轧机刚度等。

7.2.1.1 坯料尺寸与性能的影响

假定其他不变时，轧件原始厚度变化对轧出厚度的影响。当轧件原始厚度增加（或减小），轧出厚度也随之增加（或减小），产生厚度偏差。坯料厚度越不均匀，轧出厚度也越不均匀。因此，在轧制时，当头尾通过轧辊要调整压下，减小辊缝以减小厚度偏差。

7.2.1.2 轧制工艺条件的影响

前后张力、轧制速度及润滑等轧制工艺条件的影响，将影响轧制压力大小，从而引起厚度偏差。

张力是以影响变形区的应力状态，改变塑性变形抗力而起作用的。原始辊缝不变时，张力增大轧出厚度减小；反之张力减小则轧出厚度增加，而且后张力比前张力影响大。所以在生产中，为防止张力波动出现厚度不均，应保持恒张力轧制。

轧制速度是通过影响摩擦系数、变形抗力以及轴承油膜厚度，以改变轧制压力或辊缝大小影响轧出厚度的。通常随轧制速度升高，摩擦系数减小，轧制压力降低，则轧出厚度变薄。相反，轧制速度减小，轧制厚度增加。因为，轧制速度升高，轴承吸油量增加，油压增大，油膜变厚导致上下轧辊靠近，辊缝减小压下量加大，轧出厚度变薄。润滑条件的影响，表现轧轧制时摩擦系数的变化对轧出厚度的影响。

7.2.1.3 轧机刚度的影响

轧机刚度对轧出厚度的影响很大。一般来说，当与轧机外部条件有关的工艺参数（坯料厚度、轧制温度、张力、摩擦系数、屈服极限等）变化，引起轧制压力波动造成的厚度偏差，此时，轧机刚度越大，轧出厚度偏差就越小。但是，当与轧机内部条件有关的参数（轧辊偏心、轴承油膜厚度等）变化，引起原始辊缝变化所产生的厚度偏差。此时，轧件刚度小的厚度偏差小，刚度大的轧机反而厚度偏差大。

综上所述，为了提高板带材纵向厚度精度，必须不断提高轧机刚度和轧机制造精度；当轧机刚度一定时，必须保证来料厚度与性能均匀；保持轧制时的张力与润滑条件稳定。

7.2.2 轧机的弹性变形

轧制时轧辊承受的轧制压力，通过轧辊轴承、压下螺丝等零部件，最后由机架来承受。所有受力部件都会产生弹性变形，其总变形量可以达到几个毫米。随着轧制压力的变化，轧件弹性变形量也随着变化，引起辊缝大小和形状的变化，前者导致纵向厚度波动，影响产品厚度精度。辊缝形状变化将影响板形和横向厚差。

轧机工作机座主要部件的弹性变形分别为：机架的弹性变形；轧辊产生弹性变形（弹性弯曲和压扁）；压下螺丝的压缩；轴承部分的变形等。根据有关资料显示，总弹性变形量中轧辊的弹性变形量最大，约占40%~50%，其次是机架占12%~16%，轧辊轴承的变形占10%~15%，压下系统占6%~8%，其余的占15%~20%。

7.2.2.1 轧机的弹跳方程与弹性特性曲线

轧机弹性变形总量与轧制压力之间的关系曲线称为轧机的弹性特性曲线，描述这一对参数关系的数学表达式，即称为轧机的弹跳方程。

如图7-3所示，当两轧辊的原始辊缝（空载辊缝值）为s_0时，轧制时由于轧制压力的作用，使机架发生了形变Δs。因此施加辊缝将增大到s，辊缝增大的现象称为轧机弹跳或辊跳。

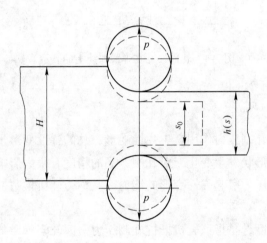

图7-3 轧机弹跳现象

于是所轧出的板厚为：

$$h = s = s_0 + s_0' + \Delta s$$
$$\Delta s = p/K$$
$$h = s + s_0' + p/K$$

式中，s_0'为初始载荷下各部件间的间隙值；p为轧制压力；$K = \mathrm{d}p/\mathrm{d}s$为轧件的刚度，表示轧机弹跳板形1mm所需的力，N/mm。

如果忽略s_0'，则有：

$$h = s = s_0 + p/K$$

上式就称为轧机的弹跳方程。它忽略了轧件的弹性恢复量，说明轧出的轧件厚度为原始辊缝与轧件弹跳量之和（见图7-4）。

影响轧机弹性特性曲线位置的因素有轧辊的偏心、热膨胀、磨损和轧辊轴承油膜的变化等。

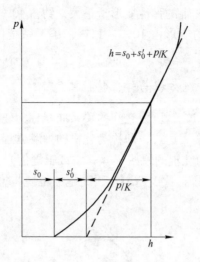

图 7-4　轧件尺寸在弹跳曲线上的表示

7.2.2.2　轧机刚度

轧机各部件受轧制压力作用产生弹性变形，总的弹性变形量最终表现在辊缝上，使辊缝大小和形状发生变化，对轧制产品的精度有很大影响。轧机的刚度是表示轧机抵抗轧制压力引起弹性变形的能力，又称为轧机模数。轧机刚度包括纵向刚度和横向刚度。

轧机的纵向刚度，是指该轧机抵抗轧制压力引起轧辊弹跳的能力。轧机总弹性变形的一部分，使两轧辊轴线产生相对平移，辊缝大小发生变化，影响产品纵向厚度。

轧机的横向刚度，指轧机抵抗轧制压力引起轧辊弹性弯曲和不均匀压扁的能力。轧机总变形的另一部分使轧辊的弹性弯曲和不均匀压扁，使轧辊呈凹形（假定轧辊为平辊），辊缝形状发生变化，影响产品横向厚度与板形。

影响轧件刚度的因素主要有轧件宽度、轧制速度（影响到轴承油膜厚度）等。对于轧制速度，低速时对轧机刚度的影响较大，而高速时影响较小。

7.2.2.3　轧件的塑性特性曲线

轧件的塑性特性曲线是指某一预调辊缝 s_0 时，轧制压力 p 预轧出板材厚度 H 之间的关系曲线，如图 7-5 所示。它表示在同意轧制厚度的条件下，某一工艺参数的变化对轧制压力的影响，或在同一轧制压力情况下，某一工艺因素变化对轧出厚度的影响情况。如图 7-5 所示，变形抗力大的塑性曲线较陡，而变形抗力小的塑性曲线较平坦。若保持轧制同一厚度的板材，那么对于变形抗力高的轧件就应加大轧制压力。

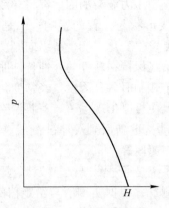

图 7-5　轧件塑性特性曲线

影响轧件塑性特性曲线变化的因素主要有：沿轧件长度向原始厚度不均、温度分布不均、组织性能不均、轧制速度与张力的变化等。这些因素影响到轧制压力的变化，也改变了 H-p 图上轧件的塑性特性曲线的形状和位置，因而导致轧出板厚随之发生变化。

7.2.2.4　轧制过程的弹塑曲线

轧制过程的轧件塑性曲线与轧机弹性曲线集成于同一坐标图上的曲线，称为轧制过程的弹塑曲线。如图 7-6 所示，图中两曲线的交点的横坐标为轧件厚度 H，纵坐标为对应的轧制压力 p。

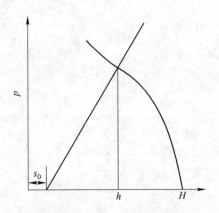

图 7-6　轧制弹塑性曲线

7.2.3　板厚控制原理

轧制过程中凡是引起轧制压力波动的因素都将导致板厚纵向厚度的变化，一是对轧件塑性变形特性曲线形状与位置的影响；二是随轧机弹性特性曲线的影响。结果使两条曲线的交点发生变化，产生了纵向厚度偏差。轧制厚度控制就是要求使所轧板材的厚度，始终保持在轧件的弹性特性曲线和轧件塑性特性曲线交点 h 的垂直线上。但是由于轧制时各种因素是经常变化的，两特性曲线不可能总是交在等厚轧制线上，因此使板厚出现偏差。若要消除这一厚度偏差，就必须使两特性曲线发生相应的变动，重新回到等厚轧制线上，因此，板厚控制方法包括：调整辊缝、张力和轧制速度等。

板带材厚度自动控制系统是通过测厚仪、位移、压力等传感器，对带材实际轧出厚度连续而精确地检测，并根据实测值与给定值的偏差，借助于控制回路，快速改变压下位置调整辊缝，或调整载荷，把厚度控制在允许范围内的自动控制系统，简称 AGC（auto gage control）系统。

通过调整辊缝、轧制力等方法，达到控制板厚的目的。

8 板带材生产的基本工艺及相关设备

8.1 板带材生产工艺流程

生产工艺流程主要是根据合金特性、产品规格、用途及技术标准、生产方法和设备技术条件所决定的。一般的板带厂家主要是使用铸轧坯料利用冷轧工艺轧制成 0.1~5.0mm 的卷材，再经过退火、横切、包装工序，生产为最终满足用户和标准要求的产品。板带材生产工艺流程如图 8-1 所示。

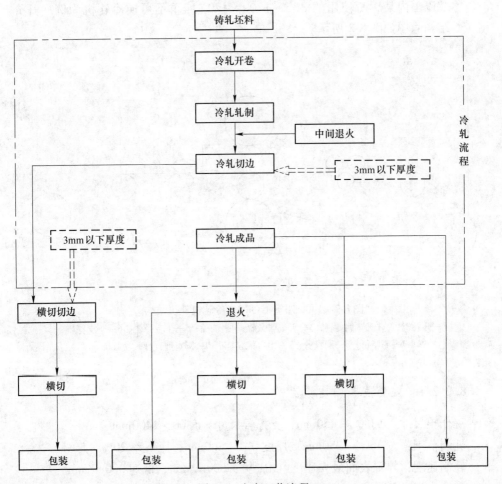

图 8-1　生产工艺流程

8.2 冷轧工艺

8.2.1 冷轧的特点

冷轧是指合金在再结晶温度以下的轧制生产方式。冷轧时，虽然由于金属变形热和摩擦热，也能使轧件的温度升高，但在轧制过程中不会出现动态再结晶，产品温度只能上升到回复温度，因此冷轧过程中起主要作用的是冷作硬化。

冷轧的主要特点是：可获得厚度较薄的板带材；板带材尺寸精度高，且表面质量好；板带材的组织与性能更均匀；配合热处理可获得不同状态的产品。冷轧时，轧制金属产生明显的加工硬化，故冷轧时轧件的变形抗力较大。

8.2.2 冷轧机组成

本节以国内某厂所使用的 $\phi360/\phi800 \times 1400$ 四重不可逆冷轧机为例展开介绍，其结构简图如图 8-2 所示。

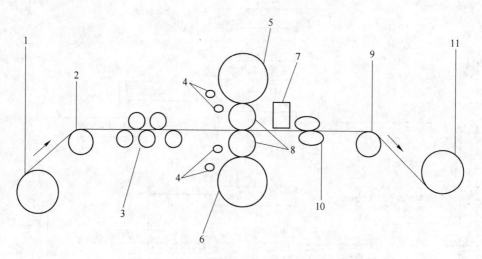

图 8-2　1400 四重不可逆式冷轧机轧机结构
1—开卷机；2—入口偏导辊；3—五辊张紧辊；4—油嘴；5—上支撑辊；6—下支撑辊；
7—测厚仪；8—圆盘剪；9—出口偏导辊；10—圆盘剪；11—卷取机

8.2.2.1 主要技术相关参数

工作辊尺寸：$\phi360 \times 1450$mm，支撑辊尺寸：$\phi800 \times 1400$mm

轧制范围：宽 760～1280mm，厚度 0.1～8.0mm，压下率 20%～50%

轧制速度：轧辊表面最大速度（高速）：600m/min，低速 300m/min

开卷机最大速度：552m/min

卷取机最大速度：690m/min

穿带速度：18m/min

最大切边速度：250m/min

轧制压力：最大轧制压力700t，单边最大轧制压力350t

冷轧机功率：卷取机3台电机，每台225kW

轧机主机2台电机，每台759kW

开卷机2台电机，每台225kW

电机配置：低速：开卷2台，主机2台，卷取3台

高速(2)：开卷2台，主机2台，卷取2台

高速(1)：开卷1台，主机2台，卷取1台

张力配置：低速时：开卷最大为91.20kN，卷取最大为91.20kN

高速时：开卷最大为44.72kN，卷取最大为45.60kN

8.2.2.2 主要组成部分

(1) 电气控制设备。包括冷轧机列的所有电气控制设备。

(2) 稀油润滑系统。稀油站放置于地下油库内，分别供给联合齿轮箱、开卷机、卷取机齿轮箱的润滑。润滑油由油泵从油箱吸出后，经单向阀过滤器、冷却器送往设备所需润滑点。经润滑点后回稀油站。返回的油液经过回油过滤器过滤后回到油箱，循环使用。稀油站上配有加热器和冷却器，根据油温变化和季节变化加热和冷却。三个齿轮箱都有供油最低流量限制；联合齿轮箱供油流量不能低于160L/min，开卷机减速油箱供油流量不能低于120L/min，卷取机减速油箱供油流量不能低于110L/min。

(3) 油雾润滑系统。包括两套油雾装置，两套装置通过一个阀联结在一起。用于对工作辊、支撑辊轴承、张紧辊及出入口偏导辊轴承的润滑。

(4) 干油润滑系统。干油润滑多个轴承。

(5) 液压系统。液压系统包括压上弯辊控制液压系统和一般操作液压系统。

(6) 轧辊冷却润滑系统。轧辊冷却润滑系统是用来供给轧辊的冷却和润滑，是冷轧机的重要组成部分。它主要是由设在地下油库的轧辊冷却系统和板式过滤系统、冷却液流量控制气体阀站、冷却液控制阀站及喷嘴组成。该系统主要用来控制轧辊辊型，使之与弯辊系统配合达到改善板带材表面质量和板形质量的目的，并起到轧辊工艺润滑。

1) 轧辊冷却站。从轧机下面的集油槽收集的污油，由回路管回到污油箱，再由过滤泵供给板式过滤器过滤，经过滤的净油返回至地下油库净油箱，再由冷却泵通过给油管路送给轧机，经喷嘴喷射到轧辊表面达到冷却和润滑作用。

2) 分段冷却系统。用于喷射冷却液的喷嘴装在喷嘴梁上，上、下工作辊及

上、下支撑辊各一个喷嘴梁,均装在机前装置上。上、下支撑辊各有 26 个扁平喷嘴,喷射量不能调节。上、下工作辊各有 52 个扁平喷嘴,通过调节冷却压力控制阀站上的手动减压阀,以控制每个冷却液流量控制阀的冷却液流量的大小。

(7) 气动系统。压缩空气大于 0.40MPa。

(8) 液压对中系统。通过调配使铝带材对中,然后通过轧辊,保证轧制的进行。

(9) 烟雾回收系统。对轧制过程中产生的油烟进行回收处理。

(10) 施奈德板式过滤系统。助滤剂为活性白土、硅藻土,过滤能力:2800L/min。

8.2.3 冷轧工艺

冷轧工艺制度包括冷轧压下制度、冷轧时的张力、冷轧时的速度、冷却润滑剂和辊型等内容。

8.2.3.1 冷轧压下制度的确定

(1) 每个道次的压下量保持不引起裂边,那么总的变形量可以达到很大,但是小的道次变形量将使轧件表面质量与轧出质量变坏,并由于增加道次数而大大降低冷轧机的生产率。

(2) 冷轧时,为防止裂边,规定一定总变形量后要进行中间退火。对某些铝合金必须达到一定的总变形量,否则,产品的组织结构性能也难以保证。

(3) 道次加工率在获得良好表面质量和板形质量情况下,充分发挥合金塑性,尽量采用较大的道次加工率,以减少轧制道次,提高轧机的生产率和降低生产成本。但道次加工率的大小要考虑设备条件,主要是受最大轧制力的限制,如果轧制力过大,易产生断辊事故。

(4) 在分配道次加工率时,要考虑轧机性能,工艺润滑和冷却条件、张力、原始辊型和操作水平,当生产厚度偏差小,表面质量高的产品时,应选取较小的道次加工率。在轧制较薄产品时,为防止断带,要精心控制道次加工率,有意识地使轧件边部轧松。

8.2.3.2 轧制张力

A 张力的建立

张力是靠卷筒与出辊或入辊之间的速度差而建立的。

B 张力在轧制过程中的作用

能降低单位压力,调整主电机负荷。张力使变形抗力减小,轧制力降低,能耗下降。当前张力大于后张力,能减轻主电机负荷。

调整张力能控制带材厚度。因为改变张力大小能改变轧制力，因此，调整张力可实现板厚控制。

调整张力可以控制板形。张力能改变轧制压力，影响轧制的弹性弯曲从而改变辊缝形状。因此，通过张力大小控制辊型，实现板形控制。

防止带材跑偏，保证轧制稳定。轧制中带材跑偏的原因在于带材在宽度方向上出现不均匀延伸。当轧件出现不均匀延伸时，沿宽度方向张力分布将发生相应的变化，延伸大的部分张力减小，而延伸小的部分则张力增大，起到自动纠偏作用。但是，张力分布的改变不能超过一定限度，否则会造成裂边、压折甚至断带。

张力的确定与调整：确定张力的大小应考虑合金牌号、轧制条件、产品尺寸与质量要求。一般随合金变形抗力及轧制厚度与宽度增加，张力相应增大。最大单位张力不应超过合金的屈服强度，以免发生断带；最小张应力必须保证带材卷紧卷齐。

前张力与后张力的大小确定：一般后张力大于前张力，带材不易拉断，能防止跑偏，降低轧制压力，但是，后张力过大增加主电机负荷，使后滑增大，可能打滑，来料如卷松会造成擦伤等。相反，前张力大于后张力时，降低主电机负荷，促使变形均匀，有利于控制板形。但是前张力过大，带材卷得太紧，退火易黏结，轧制容易断带。为了避免轧制过程中产生擦伤，本道次的后张力应小于上道次的前张力。生产中应根据具体情况选择前后张力的大小。

8.2.3.3　冷轧时的速度

冷轧速度是指轧辊的线速度，它是冷轧的一个重要参数，轧制速度的高低直接决定轧机的生产率，也是衡量轧制技术水平高低的重要指标。

为了提高生产率与确保设备安全，采用低速咬入，高速稳定轧制。

（1）轧制坯料裂边较大或易裂边的合金时，采用较低轧制速度和小张力配置。

（2）成品道次为了保证板形、表面质量、采用较低的轧制速度。

（3）薄板轧制时使用小张力轧制，防止断带。

8.2.3.4　冷轧的厚度控制

通过调整辊缝、轧制力等方法，达到控制板厚的目的。

影响板带材纵向厚度的因素主要有：坯料尺寸与性能、轧制速度、张力、润滑等轧制工艺条件以及轧机刚度等。

8.2.3.5　坯料尺寸的影响

坯料厚度越不均匀，轧出厚度也越不均匀。

8.2.3.6　轧制工艺条件的影响

前后张力、轧制速度及润滑等轧制工艺条件的影响，将影响轧制压力大小，从而引起厚度偏差。

张力是以影响变形区的应力状态、改变塑性变形抗力而起作用的。

轧制速度是通过影响摩擦系数、变形抗力及轴承油膜厚度，以改变轧制压力或辊缝大小影响轧出厚度的。冷轧时，随轧制速度增加摩擦系数减小，轧制力降低，则轧出厚度变薄。相反，轧制速度减小，轧出厚度增加。

轧制速度升高，轴承吸油量增加，油压增大（动压轴承），油膜变厚导致上下轧辊靠近，辊缝减小压下量加大，轧出厚度变薄。相反，轧制速度减小，油膜变薄，轧出厚度变厚。

8.2.3.7　轧机刚度的影响

一般来说，轧机刚度越大，在一定压力作用下轧机弹跳量越小，轧出厚度偏差越小，产品尺寸精度高。

8.2.4　铸轧坯料要求

本节以国内某厂使用的铸轧坯料为例，该厂所使用的铸轧坯料具体要求如下：

（1）化学成分。化学成分严格控制，须符合客户标准，行业标准或国家标准。

（2）外观质量。表面洁净平整，加工良好，不允许有松层、热带、粘辊、腐蚀、裂纹、凹点及影响后续加工的条纹和斑点，不允许有金属及非金属压入，断面整齐。

（3）低倍组织。铸轧晶粒度为 1~2 级。

（4）卷径。卷外径小于 1700mm 和内径 505mm。

（5）其他方面要求见表 8-1。

表 8-1　铸轧坯料其他要求

产品分类	项目	板厚/mm	宽度变化/mm	纵向板差/%	边差/%	中凸度/%	任意两点边差/mm
	宽板	6.6±0.2	−5~10	<1.5	<0.45	0.1~0.8	≤0.03
	窄板				<0.55	0~1	

注：板宽为 1060mm（包含 1060mm）以下为窄板，板宽为 1100mm 以上为宽板。

8.3　退火工艺

8.3.1　退火炉的简介

本节以国内某铝加工厂所使用的退火炉展开介绍，该厂使用的装备为 3 台 20t 退火炉，其最大装炉量为 25t。

每台退火炉有两台轴流式循环风机，一台吹洗风机，每区顶部各有两根热电偶。一般金属退火温度为 140 ~ 600℃，其中 1#炉膛的最高温度为 640℃，2#炉膛的最高温度为 620℃。三台退火炉的冷却方式不同，1 号炉为自然式，2 号、3 号炉为旁路冷却式。

8.3.2　退火炉主要组成系统及功能

退火炉主要组成系统及功能如下：

（1）控制方式。控制退火炉的退火时间、温度、升降温时间和速度。包括 PLC 自动控制和智能手动控制两种控制方式。

（2）加热系统。加热方式为电阻加热，两区共有 24 根加热器平均分布在炉顶两侧，为退火提供所需热量。

（3）循环风机。两台循环风机用电机带动运转，分高速和低速，对加热器的热量进行强制循环，把所需热量带给退火料，并对炉膛温度进行均匀交换，保证炉膛内温度均匀。

（4）吹洗系统。由一台鼓风机向炉膛内吹送新鲜空气，并置换出炉内带有油雾、烟雾、粉尘的空气。

（5）冷却循环水系统。冷却水通过循环，带走热量，起到保护炉门（框），循环风机轴承和降低炉内温度的作用。

（6）炉门升降系统。由一台电机，通过链条达到炉门升降的目的。

（7）旁路冷却。由内部的冷却循环水带走热量，达到快速降低炉内温度的目的。

（8）高压风系统。高压风用于顶紧和开启炉门，由炉门上面的四个气缸来实现。

（9）料车。由液压泵站、传动电机、链条齿轮、料车升降台组成。

8.3.3　板带材退火基础知识

金属或合金在冷变形过程中，除了外形及尺寸发生变化外，其内部组织也随着变化。在外力作用下，迫使变形金属内部的晶粒发生滑移、转动和破碎：晶粒的形状发生了变化，晶界沿变形方向伸长，晶粒破碎并被拉成纤维状；这样就使原来方位不同的等轴晶粒逐步向一致方向发展，形成了变形织构；其结果使金属产生了各向异性，同时由于加工硬化而使金属的强度升高，塑性降低，逐渐失去了继续承受冷塑性变形的能力。如果将这种冷变形后的金属加热，随着加热温度的升高，金属内部的原子活动能力急剧增大，通过原子的热运动，使金属内部组织发生变化，消除了内应力，降低了强度，提高了塑性，使其能够再承受冷的加工变形，这种热处理过程称为退火。

通过冷变形而产生了加工硬化的金属，根据加热温度不同，其组织和性能的变化过程可分为回复、再结晶及晶粒长大三个阶段。

回复是退火过程的第一阶段。当加热温度不高（也就是说加热温度低于变形金属开始发生再结晶的温度）、退火时间短时，由于原子活动能力不大，只能作短距离的扩散运动，此时只能消除晶格的歪扭和畸变，不能形成新的再结晶晶粒。当用光学显微镜观察时，看不到金属的内部组织有任何变化。此时，金属的强度和硬度稍有降低，塑性略有提高。但是，在回复过程中金属的某些物理性能却有明显的变化，例如：金属的电阻和内应力明显下降。这个阶段基本上还保持着冷作硬化状态金属的主要特征。

回复过程的本质是：点缺陷运动和位错运动及其重新组合，在精细结构上表现为多边化过程，形成亚晶组织。退火温度升高或退火时间延长，亚晶尺寸逐渐增大，位错缠结逐渐消除，呈现鲜明的亚晶晶界，在一定的条件下，亚晶可以长大到很大的尺寸（约 $10\mu m$），这种情况称为原位再结晶。

从某一温度开始，冷变形金属最微组织发生明显变化，在放大倍数不太大的光学显微镜下也能观察到新生的晶粒，这种现象称为再结晶。再结晶晶粒与基体间的界面一般为大角度界面，这是再结晶晶粒与多边化过程所产生亚晶之间的主要区别。再结晶是退火过程的第二阶段。

当金属加热到开始再结晶的温度时，则在冷变形金属或合金的基体上，开始形成新的再结晶晶粒；随着加热温度的升高或保温时间的延长，新晶粒的数量不断增加，直至全部形成了新的再结晶晶粒为止。在此阶段中，金属内部的原子活动能力很高，原子通过扩散进行重新排列。通过再结晶退火可使金属组织由被拉长的晶粒所形成的纤维组织转变为由等轴的再结晶晶粒所组成的再结晶组织，金属的加工硬化现象被完全消除。此时，金属的强度和硬度急剧下降，塑性明显上升，金属的性能基本上恢复到了冷变形之前的情况。把"冷变形金属加热到再结晶温度以上，使其发生再结晶的热处理过程"称为再结晶退火。

回复与再晶的驱动力是冷变形储能（即冷变形后金属的自由能增量），冷变形储能的结构形式是晶格畸变和各种晶格缺陷（如点缺陷、位错、亚晶界等），加热时晶格畸变将恢复，各种晶格缺陷将发生一定的变化（减少、组合），金属的组织与结构将向平衡状态转化。即：退火过程就是"使冷变形金属向平衡状态转变的热处理过程"。回复不能使冷变形储能完全释放，只有再结晶过程才能使加工硬化效应完全消除。

再结晶过程第一步是在变形基体中形成一些晶核，这些晶核由大角度界面包围且具有高度结构完整性。然后，这些晶核就以"吞食"周围变形基体的方式而长大，直至整个基体为新晶粒占满为止。

再结晶晶核的必备条件是它们能以界面移动的方式吞并周围的基体，进而形成一定尺寸的新生晶粒，故只有与周围变形基体有大角度界面的亚晶才能成为潜在的再结晶晶核。

再结晶形核有两种主要机制，即应变诱发晶界迁移机制和亚晶长大形核机制。

冷变形金属在经过完全再结晶之后，一般都可获得均匀细小的等轴晶粒。但是，如果加热温度过高或加热时间过长时。则再结晶后的新晶粒又会发生合并和长大，使晶粒变得粗大，金属的力学性能也相应变坏。再结晶晶粒粗化，可能有两种形式，即：晶粒均匀长大（又称为正常的晶粒长大或聚集再结晶）和晶粒选择性长大（又称为二次再结晶）。

铝板带材的退火工艺制度，应根据压力加工过程的需要及用途对成品物理性能的要求来确定。一般来说，需要退火的产品主要有：H24（1/2 硬度，又称为半硬态）、H26（3/4 硬度）、O 态、均匀化退火等。

8.3.3.1　均匀化退火

均匀化退火主要用于坯料的软化退火，以利于轧制，如 5×××铝合金坯料。

8.3.3.2　中间退火

中间退火是指在冷加工变形过程中进行的退火。中间退火的目的：消除或减弱加工硬化。

（1）3×××铝合金坯料经过冷变形程度 70%～90% 的冷轧后，如不进行中间退火而进行冷轧时，将会发生困难。

（2）部分合金（如 3×××铝合金、8×××铝合金）轧制较薄产品时，因为此类合金在轧制到一定厚度后出现加工硬化现象，必须进行中间退火后再继续轧制，否则轧制将难以顺利进行。并且该类合金采用中间退火可以得到较高的抗拉强度和较好的延伸率。

8.3.3.3　成品退火

板带材轧制到成品厚度后所进行的最后一次退火称为成品退火。成品退火时，必须严格控制退火工艺，以保证材料的力学性能达到技术条件的要求。按照力学性能要求的不同，成品退火又分为完全再结晶退火和不完全再结晶退火两种。

A 完全再结晶退火

完全再结晶退火主要用于生产软状态（O态）的板带材。为了保证退火产品的质量，一般要求退火前材料的冷变形程度不小于40%，最好在60%以上。成品退火一般在带有强制循环空气的电阻炉内加热。

此类产品需满足的物理性能（厚度0.2~6.0mm之间）：

国家标准：抗拉强度55~95MPa，伸长率15%~35%。

B 不完全再结晶退火

不完全再结晶退火包括消除应力退火和部分软化退火两种，主要用于纯铝及不可热处理强化铝合金半硬制品的生产。

消除内应力退火时，金属的组织不发生变化，仍保持着加工变形组织，只消除了材料内部的残余应力。

部分软化退火时，会使金属的组织发生部分变化，除存在加工变形组织外，还存在一定的再结晶组织。

根据对材料力学性能要求的不同，可采取不同的退火工艺。

制定退火制度，不仅要考虑退火温度和保温时间，而且要考虑合金成分、杂质含量、冷变形程度、中间退火温度、加热速度、冷却速度以及卷重、产品规格等的影响。制定合理的不完全再结晶退火制度时，先必须测出退火温度、保温时间与力学性能之间的变化曲线，再根据技术条件规定的性能指标定出退火温度和保温时间范围。

8.3.4 影响退火产品的质量因素

影响退火产品的质量因素主要是力学性能和表面质量，本节以国内某厂所使用的退火工艺为例进行介绍如下：

8.3.4.1 力学性能的影响

A 退火工艺

退火工艺的合理安排与否直接决定着退火产品的力学性能。表8-2为1×××合金H24状态退火工艺。表8-3为1×××合金O状态退火工艺，其中抗拉强度70~95MPa，延伸率≥25%。表8-4为3×××合金H24状态退火工艺，其中抗拉强度180~220MPa，伸长率≥12%。表8-5为除油工艺。

表 8-2 1×××合金 H24 状态退火工艺

工艺号	适用厚度 /mm	除油温度 /℃	时间 /min	辅助温度 /℃	时间 /min	保温温度 /℃	时间 /min
01	0.1~0.5	180	60	280	120	250	480
02	0.5~1.0	185	60	285	120	250	480
03	1.0~2.0	185	75	300	180	255	480
04	2.0~3.0	190	75	300	180	260	480

表 8-3 1×××合金 O 状态退火工艺

工艺号	适用厚度 /mm	除油温度 /℃	时间 /min	辅助温度 /℃	时间 /min	保温温度 /℃	时间 /min
05	所有厚度	150	180	350	280	380	90

表 8-4 3×××合金 H24 状态退火工艺

工艺号	适用厚度 /mm	除油温度 /℃	时间 /min	辅助温度 /℃	时间 /min	保温温度 /℃	时间 /min
06	0.1~1.0	160	90	360	180	380	420

表 8-5 除油工艺

工艺号	适用厚度 /mm	除油温度 /℃	时间 /min	辅助温度 /℃	时间 /min	保温温度 /℃	时间 /min
07	所有厚度	160	480	—	—	—	—

B 合金成分

不同合金牌号的产品需采用不同的退火工艺，否则将难以达到力学性能要求。

C 板厚、卷径和返轧料

板厚按照 0.1~0.5mm、0.5~1.0mm、1.0~2.0mm、2.0~3.0mm 几个范围来细分，采用不同的退火工艺，基本原则是板厚越薄则温度相对要低。

卷径大小对退火产品的力学性能也有影响，基本原则是卷径小，温度相对低。

返轧料则根据返轧道次决定，如果只是返轧一个道次的，温度要低，如果采用正常退火工艺进行退火会导致产品退软。

D 退火炉故障

退火炉故障，停修时间不能超过 60min，超过 60min 后炉内温度发生变化较大，如继续按原来工艺进行退火，会直接影响了成品质量，因此，需对工艺进行温度，时间等的条件进行修改后再进行退火。

8.3.4.2 影响表面质量的因素

A 设备故障导致问题

（1）吹洗系统故障，造成炉内通风不畅，油雾等聚集在炉内，造成退火后的产品表面光泽度降低。

（2）循环风机润滑油泄漏，落在板面形成油斑。

（3）炉门、循环风机轴承冷却水密封不严，喷洒在板面，造成表面腐蚀。

（4）炉内部件脱落，撞伤炉内退火产品。

（5）炉内温度不均匀，造成局部过烧或力学性能波动大。

B 操作原因

（1）摆放不当，造成压伤。

（2）装卸卷时行车撞伤、装卸不当擦伤。

（3）异物划伤。

8.3.5 操作注意事项

操作注意事项如下：

（1）检查温度，压力是否处于规定的范围之内。

（2）炉门的夹紧气缸处于松开状态时，必须将炉门提升到炉框上部。

（3）炉子运行时，如停风、停水，应该停止循环风机，如果正在降温过程中，应关闭冷却阀门。

（4）炉子运行时，要经常检查转动部分有无杂音，水冷却系统管路有无阻塞，水压、水温是否正常。

8.4 横切工艺

8.4.1 横切机列的概述、组成及技术参数

8.4.1.1 概述

A 横切机列的作用

铝及铝合金卷材（1×××系和3×××系的铝及软铝合金）经开卷、直头剪切、切边、废边处理、带材矫直、连续剪切、皮带运输，最后将剪切合格的板片收集成垛的板材横切专用生产线。可生产的来料规格：厚度 0.2~5.0mm、宽度 800~1400mm，成品规格：厚度 0.2~5.0mm、宽度 800~1400mm、长度 600~3500mm。

B 设备简图

横切机列的简图如图8-3所示。

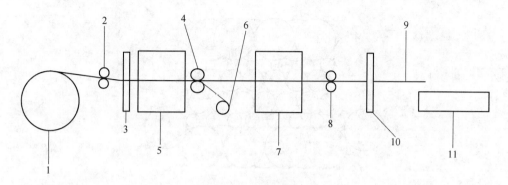

图8-3 横切机列简图

1—开卷机；2—夹送辊；3—液压剪；4—圆盘剪；5—13辊矫直机；6—废边缠绕机；

7—19辊矫直机；8—牵引辊；9—皮带运输机；10—飞剪；11—垛板机构

8.4.1.2 设备组成及技术参数

本节以国内某铝加工厂使用的1500横切机列为例展开介绍，该横切机列的组成及技术参数如下：

（1）开卷机组。

上料小车：进出由四轮式液压油马达驱动，升降由液压油缸驱动，运卷重量：5000kg。

开卷机本体：涨缩悬臂式卷筒，承载能力：5000kg

卷筒直径：最大ϕ510mm（套筒内径ϕ505mm）

卷筒长：1500mm

卷筒涨缩油缸：缸径ϕ200mm×行程56mm

对中油缸：缸径ϕ200mm×行程±50mm

驱动电机：直流电机Z4-200-11，$N=19.5$kW，$n=450/1350$r/min

减速箱：二组斜齿轮传动

撵头辊（聚氨酯材质）：直径ϕ250mm×长度680mm

（2）牵引剪切机组。

压辊尺寸：ϕ120mm×1350mm

夹送辊：摆线油马达单辊驱动，尺寸：ϕ300/ϕ200mm×1500mm

液压剪：液压驱动上切式

剪切厚度：Max5.0mm，开口度：120mm

（3）13辊、19辊矫直机。

图 8-4 所示为 13 辊机构图。表 8-6 为 13 辊、19 辊矫直机参数。

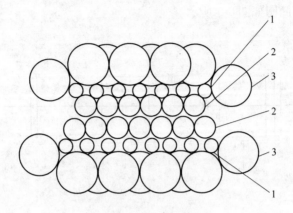

图 8-4　13 辊机构图
1—中间辊；2—工作辊；3—支撑辊

表 8-6　13 辊、19 辊矫直机参数

13 辊矫直机	19 辊矫直机
工作辊尺寸：$\phi60$mm × 1500mm	工作辊尺寸：$\phi38$mm × 1500mm
工作辊节距：t63mm	工作辊节距：t40mm
工作辊支数：13 支	工作辊支数：19 支
中间辊尺寸：$\phi40$mm × 1450mm	中间辊尺寸：$\phi36$mm × 1450mm
中间辊数量：15 支	中间辊数量：21 支
支撑辊宽度：60mm/148mm	支撑辊宽度：45mm
支承辊个数：60mm – 65 个/148mm – 20 个	支承辊个数：共 115 个（上 55 个）
支承辊直径：$\phi120$mm	支承辊直径：$\phi78$mm
最大开口度：190mm	最大开口度：165mm
下工作辊预弯量：±2mm	下工作辊预弯量：±2mm
最大运行速度：40m/min	最大运行速度：60m/min
可矫直厚度：1.5～5.0mm	可矫直厚度：0.24～2.0mm
可矫宽度：800～1320mm	可矫宽度：800～1320mm
润滑：独立的稀油润滑、干油润滑	润滑：独立的稀油润滑、干油润滑

（4）圆盘剪切边机组。

电机驱动式 $N = 16.5$kW，$n = 900/2000$r/min

切边宽度：800～1280mm

切边厚度：0.5～5.0mm

（5）废边缠绕装置：液压油马达驱动。

卷取直径及卷取宽度：$\phi400$mm/$\phi800$mm × 400mm

料卷夹紧油缸：缸径 ϕ80mm × 行程 200mm

平动液压缸：缸径 ϕ125mm × 行程 725mm

碎边导出油缸：缸径 ϕ80mm × 行程 290mm

操作箱一个

（6）牵引辊装置：液压油马达驱动。

牵引辊尺寸：ϕ120mm × 1500mm

（7）旋转平动剪（飞剪）：形式：旋转平动式。

最大剪切次数：80 次／min

驱动电机：小惯量直流电机 $N = 99$kW，$n = 680$r／min

控制的长度公差：±2mm

（8）皮带运输机。

皮带运输机长度：约 5180mm

最大送料速度：80m／min

驱动电机：交流电机 $N = 7.5$kW，$n = 1500$r／min

（9）垛板机组。

形式：气垫式

垛板长度：厚度 2.0mm 以下 700 ~ 3150mm

厚度 2.0mm 以上 1000 ~ 2500mm

垛板高度：Max500mm

垛板重量：Max5000kg

鼓风用风机：高压离心式风机 $N = 18.5$kW；$n = 2900$r／min

长度挡板：液压油马达驱动

升降型式：蜗轮丝杆升降机

小车驱动油缸：缸径 ϕ125mm × 行程 1950mm

操作箱一个

（10）液压系统。

工作压力：6.5MPa

油流量：125L／min

油温；30 ~ 55℃

冷却水流量：120L／min

（11）稀油润滑系统。

型号：XYZ-40

润滑点：飞剪齿轮箱、开卷机齿轮箱

供油量：40L／min

公称压力：4MPa

操作箱一个

（12）主、副操作台各一个。

8.4.2 矫直原理及板形调整

8.4.2.1 矫直原理

板材通过两排直径 D 相等且节距 t 相同、上下相互交错布置的矫平辊，使板材产生反复塑性弯曲变形的过程。因为上下矫平辊之间间隙在入口处小于板材厚度，至出口处其间隙等于或大于板材厚度。所以板材通过矫平机时弯曲变形逐渐减小，板材不平的原始曲率逐渐消除而达到板材平直。

8.4.2.2 板形调整

板形：指板的平直度，如图 8-5 所示，其计算标准为：
平直度：

$$I = (L' - L)/L \times 10^5$$

波度：

$$S = R_v/L_v \times 100\%$$

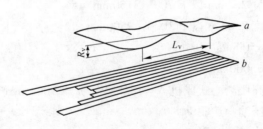

图 8-5 板形示意图

8.4.2.3 测得波高 R_v 与波长 L_v 后，可计算其他指标。若 $I \leqslant 25$ 板形达标，$I \leqslant 10$ 板形较好

根据板形情况对设备进行调整。

图 8-6 是针对板形进行调整的示意图。

8.4.3 横切工艺操作要点

本节以国内某厂所使用的横切工艺为例展开介绍，操作要点如下。

8.4.3.1 横切生产流程图

横切具体工艺流程如图 8-7 所示。

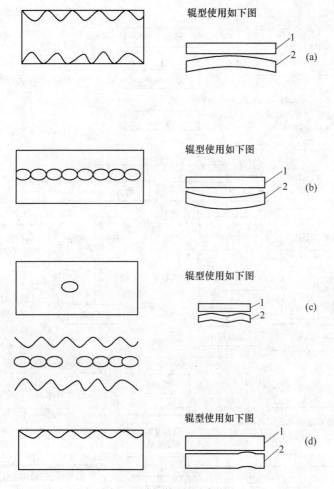

图 8-6　板形调整示意图
（a）两边波浪；（b）中间波浪；（c）复合波浪；（d）单边波浪
1—上工作辊；2—下工作辊

8.4.3.2　生产前准备及要点

（1）生产前要检查设备运行、润滑、清洁等情况，矫直辊和过渡辊上不允许有金属物和非金属物。发现有脏物及时处理才能生产。

（2）确定所要生产卷的情况；查看成分、合金状态和规格及料卷温度小于40℃。

（3）选择矫直机并确定刀口间隙，同时对量具进行校对。

（4）上卷对中、去除头尾、保证板面无异物、无折角、无折边穿带，板片不允许互相重叠进入矫直机。

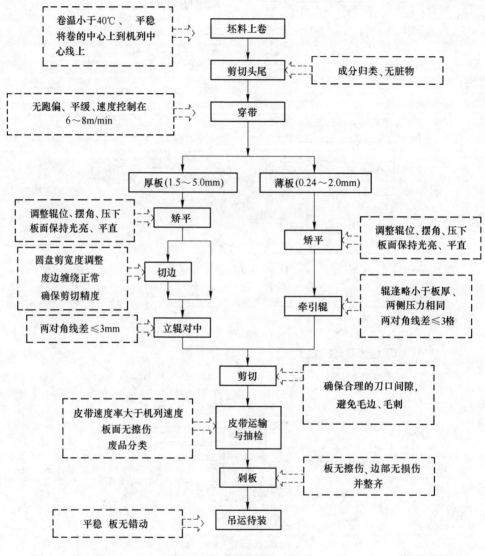

图8-7 横切工艺过程

（5）给定合理的矫直方案；矫直机的压下量应根据板片厚度调整，矫直机的工作辊及支撑辊压下量不应超过板厚的90%，摆角小于1.2cm。

（6）机列运行前打铃提示，穿带时以6~8m/min的速度运行。

（7）当板片有粘铝或印痕时，必须立即进行清辊。

（8）如果发生板片缠辊或卡在工作辊与支撑辊之间时，不许强行通过，应立即停车，将辊抬起后，再向后退回板片。

（9）停止生产时，支撑辊一定要降低，不允许给工作辊加压。

（10）清辊：先用棉布清除支承辊下方的黑油，高速运行提起一定量的辊缝用喷枪吹出在中间辊和工作辊上的金属物、非金属物，然后用空枪吹扫辊面，接着把毛巾放入上下工作辊之间，速度控制在 6～8m/min 试着加压下量，朝一个方向缓慢拖着毛巾走，到达另一侧松手。并且在用毛巾拖辊面时要求前后各一人，防止毛巾搅入辊中。

8.4.4　质量控制

本节以国内某厂所使用的质量控制工艺为例展开介绍，操作要点如下有板形控制，剪切质量及控制等。

8.4.4.1　板形控制

A　板形不良的原因

板带材宽度上纵向延伸不一致。影响板形不良的三方面：板凸度、板截面、辊缝。

B　矫直的三大要素

辊位、压下量、摆角。

C　支撑辊的使用

根据来料的合金牌号、状态及板形调整支撑辊位。支撑辊的作用主要有两个：首先是在矫直宽板时辊太长，防止工作辊刚度不够，用支撑辊来弥补工作辊的刚度；其次是矫直时消除波浪需要用支撑辊来改变工作辊的弯曲程度。

（1）1××× 铝合金系列波高不明显相对应的支撑辊位预弯量不应过高，硬度高的合金板材与 1××× 系列相比应略高。

（2）相同合金的板材，对于松弛明显的位置，相对应的支撑辊位预弯量应低；反之，应高。

（3）运行过程中对原始板形的变化要有预见性，可根据其趋势及时调整支撑辊位，以便于得到良好的板形。

D　压下量调整

（1）矫直机辊缝压下量（指针）调整应与板厚相对应。

（2）矫直硬度高的板材时，压下量略大于硬度低的板材。

（3）矫直相同合金时，应注意随着卷径的减小，板带材的原始曲率逐渐增大，反弯曲变形大压下量也应随之增加。此问题在薄板及 O 态板上表现不明显。

E　摆角调整

摆角是指上下两组辊之间的夹角；其中一组辊系固定在水平面上，另一组辊系的倾斜位置可调整。通过摆角的调整从而达到：反复弯曲变形、压力递减。根据来料厚度选择摆角量，一般情况下，摆角量小压弯量小，反弯曲率小；摆角量大压弯量大，反弯曲率大；厚板和板形相对好的板带摆角量小，薄板和波高相对明显的板带摆角量大。比较合理的选择范围应该在 +0.5 ~ +1.2cm 之间。

摆角调整后示意图如图 8-8 所示。

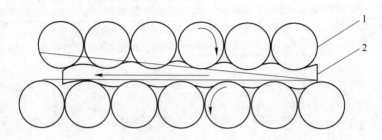

图 8-8　摆角调整后示意图
1—工作辊；2—坯料

8.4.4.2　剪切质量及控制

剪切质量包括剪切后的边部质量和几何尺寸。

剪切设备包括：圆盘剪、旋转平动剪（飞剪）。剪切质量的保证；一是刀具间隙、刀口重合度的控制，二是刀具质量的控制（包括刀口硬度、圆度和平直度）；三是确保进入剪切的带材与刀面垂直。

几何尺寸控制包括宽度、长度和对角线差。宽度控制通过圆盘剪控制，长度控制，通过编码器测速、调整张力和长度补偿控制。对角线的控制，确保进入旋转平动剪剪切时板带是矩形。

8.4.4.3　表面质量及控制

常见表面质量缺陷主要有：擦伤、压伤、辊印、麻坑。

A　擦伤的原因

运行时撵头辊未抬起、过渡导板未降、夹送辊未打开、过渡辊高度不够擦到设备、对中不正擦到圆盘剪、牵引辊间隙过大、小导轮转动不灵活、皮带机速度过快（痕迹为直线）。

B　压伤的原因

撵头辊未抬起（周期 786mm 左右）、金属辊上粘有异物（周期 942mm 左右）、工作辊有损伤点（周期 13 辊 188mm 和 19 辊 119mm）、牵引辊上有异物和压力过大（O 态最为明显），擦伤和压伤多为生产前准备工作不到位而产生。

C 辊印产生的原因

工作辊损伤和受力过大（辊位过高、摆角过大、压力过大，周期；13 辊 188mm 和 19 辊 119mm）、O 态通过牵引辊时被压出辊印。

预防措施：

（1）牵引辊的使用：辊缝略小于板厚，辊缝的大小程度主要以板的厚度和状态有关。辊缝过大会产生擦伤，辊缝小 O 态板可能直接压出边浪，薄板形成纵向印。两侧压力要相同，主要通过两侧垫块的多少来调整。主要判定依据是：板带会偏往压力大的一侧、出现对角线超差。

（2）加强设备点检和润滑。

D 麻坑的产生的原因及措施

（1）板的厚度：厚板比薄板容易出麻坑，主要原因是辊面润滑不够。

（2）合金成分和状态：板的致密度越高越好控制，板面带油量好容易控制，板面铝粉多难控制。

对麻坑的控制关键在于喷油，进矫直机前油应均匀适量地喷洒在上下板面上，在皮带机上板面光亮为最好。

8.4.4.4 垛板质量

垛板质量主要是指板片垛在一起后在长宽方向上的整齐度。堆垛的整齐度主要靠左右框架、前后挡板的位置和风量大小控制，控制不良会造成边部损伤、折伤和堆垛不整齐。

8.4.4.5 设备保养维护

A 润滑系统

包括：稀油润滑、干油润滑。

稀油及润滑点：齿轮箱、减速箱、万向轴稀油润滑，干油润滑点丝杆、轴承、滑动面、链轮结构。

B 液压系统（液压泵站）

液压油所供给设备：液压油缸、液压油马达。

C 设备点检

点检内容：各润滑点油量、油压、油温、油位的检查，传动键、连接键、传动面的异响、松动、断裂、漏油情况查看。电机响声、温度的检查。

8.5 包装工艺

本节以国内某知名铝加工厂所使用的包装工艺为例，具体介绍如下。

8.5.1　包装要求

8.5.1.1　包装材料要求

（1）包装材料主要有纸类、木材类、金属类、塑料类、复合材料类、麻类等。所有包装材料应符合环保要求，并可回收、再生或降解处理。

（2）与铝材直接接触的包装材料的水溶性应呈中性或弱酸性，其中纸的含水率不大于15%，木材的含水率不大于30%。

（3）制作出口包装箱的木材应进行化学熏蒸处理、高温热处理或其他处理，且木材上不允许有残留的树皮。

（4）保护膜用胶应与铝材表面状态相匹配，不得发生化学反应及胶转移现象。

8.5.1.2　其他要求

（1）包装捆扎用钢带或塑料带，钢带质量应符合 YB/T 025—2002 标准要求。使用钢带时，应在钢带与产品直接接触的棱角处或钢扣处垫上保护材料。

（2）产品的具体包装方式及处理方法应符合相应的产品标准要求或用户要求。

8.5.2　包装方式

8.5.2.1　板材包装方式

（1）下扣式、普通箱式、夹板式及保护角式。

（2）下扣式、普通箱式、夹板式及保护角式包装方式的包装结构示意图如图 8-9 ~ 图 8-12 所示。

（3）下扣式、普通箱式、夹板式及保护角式包装时，应首先在包装箱底铺上一层塑料薄膜，接着铺一层中性（或弱酸性）防潮纸或其他防材料，然后将板材按下述方法之一装入包装箱内：

1）涂油、板间垫纸后装箱；

2）涂油、板间不垫纸后装箱；

3）不涂油、板间垫纸或垫泡沫塑料片后装箱；

4）不涂油、不垫纸装箱；

5）表面贴膜后装箱。

（4）装好后，再将已铺好的包装材料向上规则包好，接头处用粘胶带密封好，上面盖一层塑料薄膜，并用粘胶带固定好，然后加盖（加保护角），用钢带捆紧。

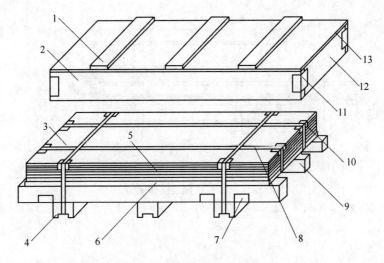

图 8-9 下扣式包装结构示意图

1—盖板；2—盖侧板；3—纤维板；4—底垫方；5—铝板；6—底板；7—起吊铁皮；
8—钢带；9—底长方；10—保护角；11—护棱；12—盖端板；13—盖板

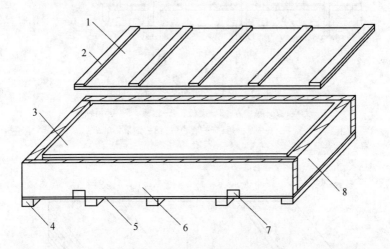

图 8-10 普通箱式包装结构示意图

1—盖板；2—盖带；3—铝板；4—底垫方；5—底板；6—侧板；7—起吊铁皮；8—端板

1）简易式或裸件式。

2）简易式或裸件式的包装结构示意图如图 8-13 所示。

3）简易包装时，在板材外包一层中性（或弱酸性）防潮纸或其他防潮材料，一层塑料薄膜，封口后放在底垫方上，然后用钢带捆紧。

4）裸件式包装时，将板材直接放在底垫方上，然后用钢带捆紧。

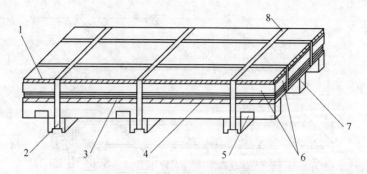

图 8-11 夹板式包装结构示意图

1—盖板；2—底垫方；3—底板；4—铝板；5—起吊铁皮；6—保护角；7—底长方；8—钢带

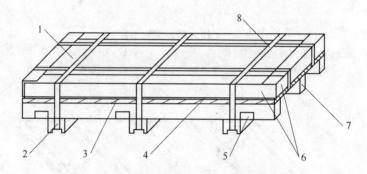

图 8-12 保护角式包装结构示意图

1—盖板；2—底垫方；3—底板；4—铝板；5—起吊铁皮；
6—保护角；7—底长方；8—钢带

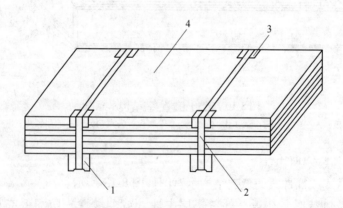

图 8-13 裸件式或简易式包装结构示意图

1—底垫方；2—钢带；3—保护角；4—铝板

8.5.2.2 带材包装方式

A 卧式"井"字架式

带材包装一般采用卧式"井"字架式,结构示意图如图 8-14 所示。卧式"井"字架包装时,在带材外包一层中性(或弱酸性)防潮纸或其他防潮材料、一层塑料薄膜,芯内放入干燥剂后,用粘胶带将塑料薄膜封口后,最外面用硬纸板(或纤维板)包覆,然后用钢带(或塑料带)将带材固定在卧式"井"字架上,或多卷串联后按上述要求固定在卧式"井"字架上。

图 8-14 卧式"井"字架式

B 简易式

在带材外包一层中性(或弱酸性)防潮纸、一层塑料薄膜后,用钢带固定在"井"字架上。

C 裸件式

将带材固定在托盘或固定架上,不附加任何保护材料。

部分产品按客户要求包装。

8.5.3 标识

8.5.3.1 包装箱标识

在每个包装箱(件)上,贴(挂)上 2 个箱牌或标签。宜注明以下内容:

(1)到站。

(2)收货单位名称及代号。

（3）产品名称。

（4）批号。

（5）合金牌号及状态代号。

（6）规格（或型号）。

（7）质量。

（8）包装件数。

（9）产品标准编号。

（10）发站。

（11）包装时间。

每个包装箱上应有明显不易脱落的"防潮""小心轻放""向上"的字样及标志，出口产品包装箱还应按《中华人民共和国出入境检验检疫局文件》要求，加施除害处理标识。

每个包装箱上应有注册商标或供应厂名称或代号。

8.5.3.2 产品标识

产品标识应符合产品标准规定，产品标准未规定时，宜在产品上打印或贴上标牌，打印或标牌的内容如下：

（1）牌号及状态代号。

（2）规格（或型号）。

（3）批号。

（4）数量（件数或净重）。

（5）产品标准编号。

（6）检验印记。

（7）生产日期。

9 板带材生产中的质量缺陷

9.1 概述

随着铝加工的飞速发展，我国铝加工企业不断增多，企业间产品的竞争也就越来越激烈，竞争形式也由以价格为主的竞争转变为以产品技术含量及质量为主的竞争，最终体现于产品品质及消费者对品牌认知的竞争上。"产品质量"不再单纯特指某产品的外观质量或内在质量，而是将产品质量的含义跃升到了一种"产品文化"的高度，更多的是运用知识和智慧去培育一种"产品竞争力"，从这个意义上说，加强产品竞争力就是新时期对加强产品质量的最完整的诠释。只有我们提高产品的竞争力，尽量使自己生产的产品成为最完美的产品——质量零缺陷产品，才能提升自己产品的竞争力。

板带材从铸轧坯料、冷轧轧制到精整、退火、转运、包装等工序的生产过程中，会出现一些质量缺陷。一部分缺陷来自铸轧坯料本身的缺陷，在铸轧生产当中可能暴露出来，也有时会在后续的生产工序才会暴露出来；另一部分是在冷轧、精整、退火、包装等工序生产过程中产生的，这些缺陷产生大部分是由于设备故障、违反操作规程、工艺参数调整不当、操作人员技术不够熟练等原因，当然也有一部分是由于设备局限性和工艺不成熟等因素。

9.2 板带材主要缺陷的产生原因及预防措施

在板带材生产中，主要有几何尺寸、板面质量、板形质量、外观质量和组织性能五个质量因素。

9.2.1 几何尺寸

产品几何尺寸包括有厚度、宽度、长度、对角线长度。

9.2.1.1 厚度超标

厚度超标出现在冷轧生产工序中，产品厚度超过工艺允许负偏差或正偏差，会使产品过薄或过厚。有时产品也会出现纵向厚差过大的情况。原因与预防措施如下：

（1）X射线测厚仪故障，控制精度达不到所需产品的要求，会造成产品厚度超标。

（2）自动厚度控制系统故障，在线轧制时表现为在 AGC 模式下，厚度波动大，呈跳跃性显示，易出现卷材纵向厚差过大；测厚仪厚度显示小于或大于测厚仪设定值，出现过薄过厚的情况。

（3）千分尺误差较大，操作人员未确定零点修正值。微分筒的零线与主尺读数线不对齐且差值较大，当微分筒零线在主尺读数线下方时，致使测量值大于实际值；当微分筒零线在主尺读数线上方时，致使测量值小于实际值。因此，为了避免出现由于千分尺误差过大造成的厚度超标，所以在当班生产之前先要确定千分尺的零点修正值，测量之后进行补偿。

（4）操作人员在使用千分尺时操作手法不一致，在旋转微分套筒时旋转过紧或过松，会造成读数偏小或偏大。在使用前先旋转微分套筒确定微分筒零线与读数线对齐所需的力度，在实际测量时掌握好此力度即可避免读数偏差。

（5）轧制过程当中，辊型未控制好，也会出现厚度超标。

（6）成品道次使用千分尺测量板厚应测 2~3 次，并且每次测量后测厚仪的补偿值相差不大。

9.2.1.2 宽度、长度、对角线长度超标

A 宽度超标

冷轧和横切（精整）工序生产过程当中会存在宽度超标。一般是厚度在 2.5mm 以下的板宽由冷轧工序控制，2.5mm 以上硬态板材由横切（精整）工序来控制。

在冷轧生产过程中，在切边道次时，圆盘剪故障出现自动收缩或增宽；测量板宽时操作人员测量不准确，均会致使调整圆盘剪时按错误的测量值进行调整造成板宽超标；或者操作人员调节圆盘剪时对后续道次负宽展考虑不好，使切边预留量与轧制负宽展不匹配，造成板宽超标。因此，操作人员切边道次注意对板宽的仔细测量以及熟悉不同合金板材每道次负宽展这样可以预防宽度超标。

横切生产过程中，在 2.5mm 以上硬态板切边时，横切机列圆盘剪间距调整不准确，会使宽度超出范围。切边前操作人员仔细对板宽进行测量可对其预防。

B 长度、对角线长度超标

横切（精整）工序影响定尺的因素造成长度、对角线长度超标主要是由机械、电气、速度、张力、补偿、操作人员等因素造成的，一般表现为其中在设备正常稳定的情况下，也就是说在机械、电气方面稳定的前提下，要注意速度、张力、补偿三者之间的给值，对提高板材几何尺寸精度，减小误差有很大的影响，所以通常在开卷操作过程中需要保持机列速度相对的稳定，张力控制则要求使卷材不跑偏为宜，飞剪机故障也可能造成长度、对角线长度超出范围。

9.2.2　板面质量

9.2.2.1　擦划伤、压过划痕

A　擦伤

由于物体间棱与面或者面与面接触后发生相对滑动或错动在板带材表面造成的成束分布而且相对密集的伤痕称为擦伤。

卷材层与层之间发生相对错动而引起擦伤，其主要产生原因是冷轧生产时卷取张力设置过小造成松层或卷得不紧，在下一道次轧制开卷时造成擦伤；张力不稳定或控制不均匀造成卷材在运放过程中表面互相错动造成擦伤；板式过滤器过滤能力降低，致使轧制油中铝粉较多，经轧制后附着在板面上，开卷接通张力后板面发生微小错动产生擦划伤；合金成分较硬的（如 3003 合金）产品在冷轧生产时由于副操上卷失误，造成卷材松卷产生擦伤。横切生产时吹送板材到垛板机构时，吹送风量大小与板重调整不匹配造成板与板之间互相滑动产生擦伤。包装工序操作不当产生板间滑动造成擦伤，例如国内某些铝加工厂板材垫纸时，板抬得过低使中间塌下部分与托盘上板面发生错动造成板面擦伤；卷材包装不合格，长途运输过程中发生错动产生擦伤。

B　划伤

尖锐的硬物与板面接触，在滑动时造成单条状分布的伤痕叫划伤。

冷轧工序时，轧制通道上有突出硬物使板面划伤；精整时板角划伤；包装时操作不当产生划伤的。

C　压过划痕

压过划痕：板面上带有擦划伤，经轧制后变为压过划痕。

特殊情况：冷轧辊面受硬物划伤较重，经轧制后印至板面也类似擦划伤。

D　预防措施

冷轧生产过程中，轧制厚度小于 2mm 的铝卷，每轧制道次必须上套筒，防止铝卷变形引起擦划伤；板式过滤器过滤能力较差，净油箱内油较脏时要进行换纸；保持轧制通道（冷轧、横切）的清洁，防止硬物划伤板面；尽可能地防止卷材层与层之间的相对错动；轧制过程中保证张力稳定合适。开始卷取时使用助卷器，确定卷紧和正常卷起后再退出助卷器。横切生产时，调整好吹送板材的风机风量，防止板落在垛板机构上与已垛的板发生擦划；板材包装过程中操作人员要细心操作，轻拿轻放，避免擦划伤产生。

9.2.2.2　（黄）油斑

残留在板、带材表面上的油污，经退火后形成的黄褐色程度不同的斑痕。

产生原因：冷轧时板形不好使得带油量太大；板面除油效果不好，风嘴位置调整不合理，副操人员对中不到位，造成吹扫不干净，板面带油量较大；成品轧制时风压较低；由于液压油的泄漏污染了轧制油；冷轧用轧制油油品较差；轧制油中添加剂含量过高；退火前，除油时间不够；退火工艺不合理等造成了油斑缺陷。

预防措施：成品轧制时减少板带带油量，并调整好吹风嘴的位置，风压不低于 0.75MPa，保证吹扫效果；退火前保证除油时间；避免设备润滑油的泄漏；合理使用添加剂含量；轧制过程中控制好带材的板形；使用合理的退火制度，退火时先采用除油退火。

9.2.2.3　松树枝状花纹（麻皮）

轧制过程中产生的滑移线。呈现规律性的松树枝状花纹。表面有明显色差，但仍十分光滑。

产生原因：冷轧时道次加工率过大，金属在轧辊间由于摩擦力大，来不及流动而产生滑动；轧制液浓度太大，流动性不好，不能均匀分布在板带面上，轧制后就会在板带面上产生松树枝状花纹；工艺润滑不好，致使油膜破坏；冷轧时张力过小。

预防措施：正确的分配道次加工率，采用由大到小逐步递减的加工率分配制度，并且不同合金成分的压下量不一样，合金较硬的压下量相对较小，如 3×××合金每道次加工率一般在 30% 左右；工艺润滑应充足供给，保证油膜的厚度与强度，并且冷轧时采用合理的张力配置。

9.2.2.4　纵向暗（亮）条纹

板表面沿轧制方向、宽窄不一的、比铝板表面颜色稍暗的条纹。而沿轧制方向、比铝板表面颜色亮的条纹为纵向亮条纹。纵向暗条纹在日光下有明显的色差，影响板面的美观。纵向亮条纹则更明显。

产生原因：冷轧支撑辊和工作辊使用时间过长，轧辊疲劳易产生纵向暗条纹和纵向亮条纹；轧制过程中有铝屑或其他异物夹入在上下支撑辊与支撑辊刮板之间，支撑辊高速旋转后，在支撑辊上磨出宽窄不一的亮条纹，先印至工作辊上，形成暗纹，再由工作辊印到板面上，在板面表现为纵向暗条纹。当支撑辊上的亮条纹未得到及时处理，长时间使用，致使工作辊的油膜被破坏后，就形成纵向亮条纹。

预防措施：铸轧来料开坯道次、二次开坯、断带后对上下支撑辊刮板用油清洗（如果开坯完就轧制成品可不必冲洗，以免破坏辊型），可有效防止异物压入上下支撑辊与支撑辊刮板之间，对支撑辊造成磨损；在线轧制时多注意观察上下板面情况，如若出现暗条纹，就应及时对支撑辊刮板进行清洗，并对支撑辊上产生的亮条纹进行打磨处理，防止暗纹变为亮条纹。

9.2.2.5 金属和非金属压入

金属屑或金属碎片压入板面称为金属压入。压入物刮出后呈现大小不等的凹陷，破坏了板面的连续性。

非金属杂物压入板面称为非金属压入。表面呈明显的点状或长条状黄黑色的缺陷。

产生原因：金属屑或非金属夹杂物掉落在板面上，又被轧入板材里；轧机的轧辊以及轧机或横切机的轧制通道上粘有金属屑或非金属异物，随后压入板面；轧制油中金属或者非金属颗粒未过滤掉，压在板面上；卷材长时间不上机轧制，摆放时间长后，空气中的灰尘等堆积在卷的最外层，在上机轧制时未清理干净，轧制后压入板面。

预防措施：保持车间清洁减少或消除非金属脏物落在板、带上的条件，清理好冷轧轧制通道和横切开卷通道避免金属屑落在板、带上，防止轧辊、矫直辊或轧制通道粘铝；加强过滤润滑油，避免其他金属或非金属杂质喷到带板上；摆放时间较长的卷材上机轧制时，用油拖把对最外层进行仔细清理，将表面灰尘和其他杂物清除。

9.2.2.6 腐蚀白斑

铝材表面与外界介质接触，发生化学或电化反应，引起表面组织破坏。腐蚀呈片状或点状，被腐蚀的板面失去金属光泽、严重时在表面产生灰白的腐蚀产物。

产生原因：在生产过程中板面吹扫系统吹出的风中残留有酸、碱或水迹留在板面上；空气比较潮湿，空气中水分含量过高，且坯料摆放时间过长；生产过程中的工艺润滑油油中含有水分；储运过程中，包装防腐层被损坏淋雨引起腐蚀；卷材包装时温度过高也易引起腐蚀。

预防措施：雨季时，在倒卷过程中注意对铸轧坯料进行覆盖，且坯料摆放时间不宜过长，尽快上机轧制，防止卷材受潮而引起腐蚀；成品卷材包装时需待卷材冷却后再进行包装；保证冷轧供风的两台空压机内空气干燥，每天开机前对空气清辊器进行吹扫，排出管道内水分。

9.2.2.7 板面横纹、斜纹

垂直于轧制方向的波纹为横纹；不垂直轧制方向且与轧制方向呈一定角度的波纹为斜纹。

产生原因：轧制过程中工作辊颤动产生横纹；轧制过程中因突发情况中间停机，或较快调整压下量；精整工序矫直时中间停机产生横纹；冷轧工作辊未磨削好，工作辊上带有横纹和斜纹。

预防措施：减少轧制时和矫直时的中间停车；稳定轧制工艺，保证添加剂含量配比以消除轧辊颤动；提高磨床磨削工作辊的磨削质量，避免横纹和斜纹的产生。

9.2.2.8　印痕（凹凸点）和辊痕

板面存在周期性凹陷，凹陷处比较光滑，称为印痕，也称凹点。板面存在周期性凸陷，凹陷处比较光滑，称为印痕，也称凹点。

冷轧工作辊和矫直机，通过轧制和矫直并复制到板面呈周期性分布的印迹称辊痕。

产生原因：轧辊及板、带表面粘有金属屑或脏物，当板、带通过生产机列后在板、带表面印下黏附物的痕迹；其他设备，如矫直机、送料机构、偏导辊等表面有缺陷或黏附脏物时，在板、带表面易产生印痕（凹点）；套筒表面不清洁，不平整及存在光滑凸起；卷取时铝带黏附异物。

预防措施：轧机生产前，应清理干净所有的轧制通道；横切时应将各用于输送板材的辊道清理干净等可预防印痕的产生。

9.2.3　板形质量

板形也就是通常所说的板面平直度，指在单位长度内板面的波浪与单位长度的比值（I 值），其控制原理就是通过多组矫直辊使板带反复弯曲拉伸和压缩变形消除内应力和有波浪的部分，从而获得较小的板面平直度：

$$I = \left(\frac{\pi h}{2L} \right)^2 \times 10^5$$

式中，h 为波浪高度；L 为波长；$I \leqslant 25$ 板形达标；$I \leqslant 10$ 板形较好。

板、带材由于不均匀变形而形成各种不同的不平整现象总称为波浪。在板带材边部产生的波浪为边部波浪；在中间产生的波浪称为中部波浪；既不在中间又不在边部的波浪称为二肋波浪；同时产生两种及以上波浪称为复合波浪。

产生原因：辊缝调整不平衡，辊型控制不合理；道次压下量分配不合理，润滑冷却不均匀造成局部过热或过冷产生波浪；铸轧坯料的板形不好，同板差、边差、中凸度等过大；磨削凸度（大于 0.05mm）及圆度不好；液压弯辊、水平值控制不当；前、后张力给定不合理；带材偏心过大；横切矫直机调整不当等都是产生波浪的原因。

预防措施：合理的分配道次加工率，使冷却润滑油喷嘴畅通无阻、喷射到位；正确控制前、后张力，轧制速度等工艺参数，并要在动态条件下控制好辊型；合理地使用液压弯辊、水平值、各区轧制油油喷控制板形；横切时恰当的调整矫直机的参数等都是消除波浪的有效措施。

9.2.4　外观质量

9.2.4.1　毛刺

经冷轧切边或横切剪切后的板、带材的边缘，存在不等的细短丝或尖而薄的金属刺称为毛刺。

产生原因与预防：轧机切边时圆盘剪剪刃不好或者上下刀刃之间间隙或重合度调整不当造成切边毛刺；横切飞剪剪刃间隙调整不当或损坏，圆盘剪刀刃不好和上下刀刃间隙或重合度调整不当，造成横切毛刺。如若刀刃不好则应该更换刀刃，横切飞剪机对不同厚度板材都要合理调整飞剪剪刃间隙。

9.2.4.2　串层

带卷端面层与层之间不规则窜动，造成端面不平整。

产生原因：坯料不平整；卷取张力控制不当或张力系统不稳定；压下量不均，套筒变形窜动。

预防措施：在保证铸轧坯料的来料质量和张力系统稳定的前提下，合理调整道次加工率和给定合适的卷取张力；在轧制薄板和成品卷材时，变形套筒不要使用，以防止因串层严重而导致薄板断带，影响成品卷材的外观。

9.2.4.3　塔形

卷材层与层之间向一侧窜动形成塔状偏移，称为塔形。

产生原因：来料板形不好，张力不稳定或使用不当；主操人员对咬头水平值给定不合理，副操人员上卷对中不准确，造成板头咬偏，形成塔形。

9.2.5　组织性能

9.2.5.1　力学性能不合格

力学性能不合格主要指产品常温下的强度指标（比例极限、弹性极限、屈服极限、强度极限、硬度等）或伸长率超出该合金系列国家标准或客户标准。

原因：退火炉故障；未正确执行热处理制度；拉伸试样规格和表面不符合要求。

9.2.5.2　过烧

铸块或板带材在加热或热处理时，温度过高接近到了熔点，使晶体局部加粗，晶内低熔点共晶物形成液相球，晶界局部溶化、晶界加粗，晶界交叉处呈三角形等。

热处理设备的温仪度表不准确；电炉各区温度不均；没有正确执行热处理制度，金属加热温度达到或超过金属过烧温度；装料时放得不正，靠近加热器的地方可能产生局部过烧。

10 轧制油及其使用

10.1 轧辊冷却润滑系统的介绍

铝及铝合金在轧制过程中很容易发生粘辊，使产品质量下降，为此必须采用工艺润滑剂进行润滑。采用工艺润滑剂还可以降低轧制压力，减小变形区摩擦系数及减少轧辊磨损，同时冷却轧辊，控制辊型。本节以国内某知名铝加工厂所使用的轧辊冷却润滑系统为例，具体介绍如下。

10.1.1 轧辊冷却润滑系统简介

轧辊冷却润滑系统是用来供给轧辊的冷却和润滑，是 1400 铝冷轧机的重要组成部分。它主要由轧辊冷却系统和板式过滤机、混合箱、冷却液流量控制气体阀站、冷却液控制阀站及喷嘴组成。该系统主要用来控制轧辊辊型，使之与弯辊系统配合达到改善板带材表面质量和板形的目的，另外，还起到轧辊工艺润滑。

10.1.1.1 轧辊冷却站

轧辊冷却站主要设置在地下油库，其内配置有污油箱、净油箱、过滤泵、冷却泵、加热器、冷却器、温度、压力、流量控制及检测仪表。

工艺流程为：从轧机下面的集油盘收集的污油，由回油管回到污油箱，再由过滤泵供给板式过滤机过滤，经过滤的净油返回至地下油库净油箱，再由冷却泵通过给油管路送给轧机，经喷嘴喷射至轧辊表面达到冷却和润滑的作用。

10.1.1.2 板式过滤机

板式过滤机的作用是将从轧机油槽返回至污油箱的污油进行过滤，使污油变为净油，实现油的循环使用。

过滤机由过滤箱、过滤箱压紧和提升机构、运纸机构、底座纸卷架、混合箱气动控制系统及检测仪表等组成。

在每层过滤箱间铺一层过滤纸，在过滤纸上沉积一层助滤剂，污油经过助滤剂和过滤纸净化为净油，返回至地下油库净油箱内，供轧机继续使用。

10.1.1.3 分段冷却系统

用于喷射冷却液的喷嘴装在喷嘴梁上，上、下工作辊和上、下支撑辊各一个喷嘴梁。

上、下支撑辊各用 26 个扁平喷嘴喷射冷却液，分为宽喷和窄喷两区，冷却液的宽喷、窄喷是靠四个气动球阀控制，喷射量的大小不能调节。

上、下工作辊各用 52 个扁平喷嘴喷射冷却液，共分为 26 个区，每区间隔为 52mm，具体的分布情况为：从喷嘴梁的中间一分为二，从中间往驱动侧依次为 D1 区、D2 区、D3 区、…、D12 区、D13 区；从中间往操作侧依次为 W1 区、W2 区、W3 区、…、W12 区、W13 区。通过调节冷却液流量控制气体阀站上的 26 个手动减压阀，以控制冷却液流量控制阀站上的 26 个马洛头阀来控制冷却液流量的大小，而上、下工作辊冷却液喷嘴在垂直方向的上、下两个喷嘴的喷射量又由一个马洛头阀来控制。

冷却液流量控制气体阀站的手动减压阀的最大气压力为 0.5MPa，手动调节大于 0.5MPa 时，以之对应的马洛头阀控制的冷却液流量不会随之增大而增大，所以在调节喷嘴冷却液喷射量的大小来控制板形时，要以递增的方式进行调节，以达到逐步培养辊型的目的，一步到位调节到 0.3MPa 是一种破坏辊型的不科学的调整方式；除此之外，各个喷嘴之间的喷射量的大小是此消彼长的关系；还有，一步到位调节到 0.5MPa 已经是最大的喷射量，当对应区域的板形进一步恶化时，继续增大手动减压阀的压力是无用的，所以控制时要为下一步的板形控制留有一定的轧制油余量。

10.1.2 轧制油的基本要求

轧制油的基本要求如下：

（1）有合适的摩擦系数，即要有低的摩擦系数以减少轧辊与轧件的摩擦力，降低轧制负荷，但又不要太低以产生后滑。

（2）基础油的黏度要适当。

（3）油性好，闪点高。

（4）有良好的冷却性能，降低轧辊以及轧件的温度。

（5）对轧辊、轧件和设备无腐蚀。

（6）轧制后产品表面无油渍（含退火后）。

10.1.3 轧制油的作用

10.1.3.1 冷却作用

冷却轧辊和轧件。冷轧生产过程中会产生剧烈变形热和摩擦热使轧件和轧辊温度升高，而辊温的反常升高以及辊温分布不规律或突变会导致正常辊型条件的破坏，直接有害于板形与控制精度。因此采用轧制油进行冷却以适应工艺要求，以控制和调整辊型。且轧制速度愈高，压下量愈大，冷却问题愈显得重要。

10.1.3.2　润滑作用

对轧件进行润滑。在轧制过程中，轧辊和轧件产生摩擦，润滑剂可在轧辊与轧件之间形成一层坚固的油膜，它可以减小或控制轧辊与轧件间的摩擦系数，有助于提高轧制速度。减小轧件的变形抗力，增加道次加工率，并可改善轧件的表面质量。

10.1.3.3　清洗作用

轧制中进入摩擦面之间的铝屑、灰尘、砂粒等会破坏油膜，引起摩擦，损伤轧件表面，轧制油的流动、冲洗就能把这些杂物从摩擦面上冲洗掉，使轧件表面清洁。

10.1.4　轧制油的组成

铝及铝合金轧制油主要由基础油和添加剂组成，基础油一般为轻质矿物油，添加剂一般采用受热挥发性能好的脂肪酸、脂肪醇、酯类及抗氧剂等。为了轧制后受热能挥发完全，其基础油采用低黏度（黏度为 $1.8 \sim 2.2 \mathrm{mm}^2/\mathrm{s}$）、窄馏分（馏分范围 $20 \sim 30$℃）、低干点（干点小于 300℃）的加氢油且无毒、无味、芳烃含量小于 1%、硫含量小于 $5 \mu g/g$。

10.1.4.1　基础油

基础油的选择直接影响到轧制油的使用性能及质量水平，我国所用的基础油基本上采用加氢或不加氢的煤油馏分进行切割成窄馏分再除芳烃和硫等，烃类组成基本上是正构烷烃，国外同类产品采用乙烯或异丁烯合成，基本为异构烷烃，成本较高，其品质纯正，同馏分的黏度高，倾点低，挥发速度快，不含硫并且芳烃无味。正构烷烃和异构烷烃的比较见表 10-1。

表 10-1　冷轧基础油比较

项　目	初馏点/℃	终馏点/℃	闪点/℃	密度/kg·dm⁻³	挥发速度	运动黏度（40℃）/mm²·s⁻¹
异构烷烃	189	207	62	0.768	<10	2.0
	223	254	92	0.791	<1	3.8
正构烷烃	189	218	69	0.751	3	1.6
	222	242	97	0.764	<1	2.4

注：挥发速度为相对挥发速度，以正丁烷的挥发速度为 100，数字越大，挥发速度越快。

轧机、轧制工艺、产品的不同，对基础油的要求也有所不同。由于添加剂在轧制油中较少，对其理化性能影响不大，因此，理化性能通常是指基础油的，主要有黏度、闪点、馏程、酸值、碘值、硫含量和芳烃含量等。低硫和低芳烃含量是高质量轧制油的标志。

A 基础油的黏度

润滑油的作用是使润滑油在机械做功运动的摩擦表面形成油膜。该油膜起到润滑、减振等作用。而这个油膜形成的薄厚就与润滑油的黏度有关。润滑油的黏度指标有多种，轧制油的黏度一般采用运动黏度。流体的动力黏度与流体在同一温度时的密度比值，称为流体的运动黏度。

基础油的黏度不仅直接影响轧制油的冷却效果。而且还对轧制过程中的力学参数及轧后产品表面质量有不同程度的影响。更有甚者因黏度过高在轧制后产品退火时表面出现黄斑。

当基础油的黏度达到一定值后，摩擦系数、轧制压力基本上不再变化，黏度较高时油膜较厚，轧制速度降低，且轧后表面光亮度随黏度增加而继续降低，使铝板带材表面带油增多，退火后容易形成黄褐色斑痕；黏度太低时，油膜变薄、不均匀，轧制过程油膜容易破裂，破坏轧制过程，影响铝板带材表面质量。铝板带材的轧制工艺不同，对工艺润滑要求的侧重点不同，一般冷轧铝板带基础油黏度（运动黏度）一般为 $1.8 \sim 2.2\,mm^2/s$。

B 馏程

轧制油的馏程直接影响到轧后产品退火时表面的污染程度，轧制油的馏程越宽，轧制油的稳定性越差，终馏点越高，其重组分含量越多，黏度值越高，且不稳定，虽可增大压下量，但是，由于轧制油的重质成分越高易使退火后的铝板带材产生油斑，给退火状态的产品带来了生产难度，退火时在低温除油段轧制油不易挥发，升温后轧制油烧结后会在铝产品表面留下油斑。轧制油的初馏点过低，闪点低，较适应于退火状态铝材，但影响安全性能，并且使消耗明显增大。轧制油的馏程越窄，终馏点越低则退火后的产品表面油渍就越少，因为此时的馏分较为单一。这样，退火后产品表面上的大分子残留物少，表面较为清洁。因此，轧制油的馏程应控制在一定范围内，一般为 $20 \sim 30\,℃$。

C 闪点

将油加热到当它的蒸气与周围空气形成混合物与火焰接触发生闪火时的最低温度，称为闪点。

闪点是表示油品蒸发性的一项指标，油品的馏分越轻，蒸发性越好，其闪点就越低。反之，油品的馏分越重，蒸发性就低，其闪点也就越高。

随着轧制过程的进行，尤其是高速轧制时，产生大量金属变形热使得轧制温度升高，所以这就要求轧制油应具有较高的闪点。以确保轧制生产的安全性。但是，如果一味地追求高闪点，则势必会影响到油品的其他性能，如黏度、产品退火后的表面质量等。因此，闪点的选择要适当。一般所用的轧制油闪点为

100~104℃。

D　酸值

轧制油中酸值含量高，在一定的条件下对铝及铝合金产生腐蚀，腐蚀结果生成金属盐或皂，它们能加速油品的老化变质。酸值还可以判断使用中的润滑油的变质程度。所以一般冷轧用基础油酸值为零。

E　水溶性酸或碱

油品中的水溶性酸或碱是指能溶于水中的无机酸或碱，以及低分子的有机酸或碱化合物等物质。新油呈水溶性酸或碱时，一般是由于油品在酸碱精制过程中没有处理好，或者储运过程中受到污染。使用中油品出现水溶性酸，主要是由于氧化变质造成。

油品中不允许有水溶性酸或碱存在，它会严重腐蚀轧件，会加速油品老化，促使油品氧化变质。

F　倾点

倾点是指油品在规定的试验条件下，被冷却的试样能够流动的最低温度，以℃表示。

10.1.4.2　添加剂

添加剂就是能改善油品某种性能的有极性的化合物或聚合物，它是提高矿物油润滑性能的最经济、最有效的途径之一。添加剂根据其用途不同可大致可分成两大类：一类为影响润滑油物理性质的添加剂，例如降凝剂、增黏剂、黏度指数改进剂、消泡剂等；另一类在化学方面起作用的添加剂，如各种抗氧剂、防锈剂、钝化剂、清净分散剂、油性剂、极压抗磨剂等。

添加剂对如下性能有影响：

（1）表面粗糙度与表面质量。

（2）轧制速度。

（3）道次压下率。

（4）退火后的表面质量。

（5）铝金属皂的形成。

（6）轧制油的电导率。

（7）轧制油的过滤性。

考虑到铝材冷轧的产品特点及轧后铝材退火表面质量要求，铝轧制油中一般只添加油性剂。铝轧制油用油性添加剂，主要是能在金属表面形成物理吸附长链脂肪酸、脂肪醇、酯类。用于改善油品润滑性能，保障最小的磨损与最低的摩擦系数。这类添加剂一般都是极性分子，可以定向吸附在金属表面上，形成牢固的油膜，能承受高的强度，油膜又不易损坏而形成边界润滑。由于它们分子链长度与官能团的极性不同，故表现出使用性能的差异。

铝轧制油常用的脂肪酸、醇、酯的主要性能比较见表 10-2。

表 10-2　脂肪酸、醇和酯的性能比较

特　性		脂肪酸	脂肪醇	脂肪酸酯
油膜厚度		薄	薄	厚
油膜强度		强	弱	强
浸润性		劣	优	良
热稳定性		良	良	优
表面光亮性		优	良	劣
不形成污染能力		良	优	良
碳数	铝箔	$C_{12} \sim C_{14}$	$C_{10} \sim C_{12}$	$C_{10} \sim C_{14}$
	铝板	$C_{12} \sim C_{18}$	$C_{14} \sim C_{16}$	$C_{12} \sim C_{18}$

　　选用的添加剂一般按照轧制速度、轧制压下制度、变形区内的温度，轧件的力学性能，轧机类型和板、带、箔表面质量的要求等条件来确定。选用适当的添加剂，方可轧出优质表面的板、带、箔材。冷轧轧制油的添加剂与铝箔轧制油的添加剂的加入量是有区别的。一般冷轧轧制油添加剂为醇和酯，醇主要是起到润滑、冷却、提高油膜强度（醇吸附在金属表面）和对表面金属屑的黏附作用，酯只是起到润滑（减小摩擦，降低轧制力）、提高轧制率和成品质量的作用；铝箔轧制油的添加剂为醇和酸。一些单体添加剂的运动黏度与熔点或凝固点结果见表 10-3，常用的轧制油轧制效果比较见表 10-4。

表 10-3　常用添加剂单体的运动黏度和熔点

添　加　剂		熔点/℃	运动黏度(40℃)/mm²·s⁻¹
脂肪酸	癸酸	31.5	8.5
	十二酸（月桂酸）	44	—
	十四酸（豆蔻酸）	54	—
	十六酸（棕榈酸）	63	—
	十八酸（硬脂酸）	69	—
	油酸	14	50.5
脂肪醇	癸醇	7	8.5
	十二醇（月桂醇）	22.6	13.5
	十四醇（豆蔻醇）	31.8	21.9
	十六醇	46.3	—
	十八醇	59	—
	椰油醇	15	29

续表 10-3

添 加 剂		熔点/℃	运动黏度(40℃)/mm² · s⁻¹
脂肪酸值	十六酸甲酯	30	2.1
	油酸甲酯	8	4.7
	油酸丁酯	4	7
	硬脂酸甲酯	38	5.3
	硬脂酸丁酯	24	7.7

表 10-4　轧制油轧制效果对比

项 目	轧制压力/MPa	摩擦系数	最小可轧厚度/mm	退火等级
基础油	528.2	0.1547	0.155	Ⅰ
5%十二醇	394.9	0.0948	0.149	Ⅰ
5%十四醇	395.1	0.0932	0.147	Ⅰ
5%十六醇	395.1	0.0933	0.140	Ⅱ
5%椰油醇	392.8	0.0854	0.121	Ⅰ
3%十二酸	401.1	0.1011	0.140	Ⅰ
3%油酸	410.0	0.0896	0.122	Ⅲ
3%油酸甲酯	442.9	0.1070	0.144	Ⅰ
3%硬脂酸甲酯	439.1	0.0999	0.140	Ⅰ
3%硬脂酸丁酯	402.6	0.0932	0.125	Ⅱ

由表 10-4 所知,椰油醇的全面性能较好。但要在添加剂加入量与退火清洁性之间谋求平衡,因为,添加剂的加入量大则性能好,但是退火等级变差,直接影响产品的表面质量。

10.1.4.3　关于 Wyrol 12 添加剂的相关介绍

Wyrol 12 是专用于铝轧制的醇类和酯类复合型添加剂。一般使用的添加剂是由 ESSO 公司生产的 Wyrol 12 添加剂,其主要性能指标见表 10-5。

表 10-5　Wyrol 12 的有关性能指标

项目	运动黏度(40℃)/mm² · s⁻¹	闪点/℃	倾点/℃	皂化值/mg · g⁻¹	初馏点/℃	终馏点/℃
指标	8.2	105	18	22	230	330

注:皂化值就是表示其中脂肪酸的含量。皂化值越高,所需轧制力越低,其作用相当于油性剂,但清洁性越差。

10.2　轧制油的过滤

10.2.1　轧制油过滤的必要性

冷轧和铝箔轧制过程可以认为是流体动力润滑和边界润滑的混合型润滑,因此,轧制油会在轧辊和轧件之间产生摩擦。铝板带箔轧制过程中,由于油品受到轧制时产生的温度、压力变化,同时受空气湿度、光线照射等的影响,易生成有机酸、醇等极性物质、金属皂类、树脂质、沥青质、油泥、铝粉等杂质。由于这些固体分离物和油溶性杂质的存在,使轧制油的成膜及承载能力、润滑散热能力、抗氧化能力遭到破坏,很难轧制出高质量的板带箔产品。据资料介绍,轧制纯铝时每吨板材产生 $10 \sim 18 g/m^2$ 或 $5 \sim 20 g/m^2$ 的铝粉尘。并已证明,轧制油中的固体小颗粒是造成铝箔针孔缺陷、退火白斑的主要原因(特别是大于 $4 \mu m$ 的固体小颗粒)。轧制油中 $8 \mu m$ 以下的粘铝颗粒是轧制油“黑化”的原因,数量越多,“黑化”越严重,导致制品表面损伤和运行中板面检查困难。

为了消除轧制油中固体颗粒、金属皂及其他污物的有害影响,目前最主要的处理手段是进行过滤。常用硅藻土和活性白土作助滤剂,并以无纺布作过滤介质的板式过滤器对轧制油进行过滤,可以使轧制油保持清洁,为获得高表面质量的产品提供有力的轧制油保障。

10.2.2　轧制油的循环系统

轧制油的循环系统包括两套循环系统,即:净油箱—冷却系统—轧机—污油箱组成的冷却系统和污油箱—过滤泵—板式过滤器—净油箱组成的过滤系统。

轧制生产开始前,要先启动过滤系统。轧制生产中,严禁停止过滤,并随时检查过滤器的运行情况,防止过滤不畅,污油位上升,净油位下降,使污油流到净油箱中,造成轧制油的污染,而净油箱应始终是满的,少量的净油允许溢到污油箱中。短时间的停车,没有必要关闭过滤器,以使轧制油的污物含量控制在理想水平。

10.2.3　板式过滤器

板式过滤器系统由主体供油箱、过滤器主体、纸架、过滤箱压紧提升装置、运纸机构和过滤泵组成,目前对应于一般四辊冷轧机所使用的板式过滤器其过滤能力为 $3200 L/min$。

主体供油箱(搅拌箱)加有助滤剂和污油,并通过搅拌装置搅拌均匀,而后,助滤剂污油由具有一定负压的喷射泵向特制的过滤介质上喷洒,在达到一定厚度的过滤层后,即可形成过滤能力,在过滤过程中,不断往主体供油箱添加助滤剂，保证过滤精度和过滤效率。当过滤箱入口压力达到某一定值时，开始清洗周期，停止过滤并吹干滤饼，打开过滤盘，通过运纸机构，将纸和滤饼一同拉出，从而完成一个过滤循环过程。

10.2.4 过滤原理

过滤助剂为硅藻土和活性白土，纸为过滤介质。硅藻土滤饼起机械过滤作用，能把 $1\mu m$ 及以上的固态粒子过滤掉。然而，轧制过程中，特别是铝箔精轧时，产生的铝粉颗粒直径都小于 $1\mu m$，因此，配合使用活性白土来吸附轧制油中的显微粒子，形成直径大于 $1\mu m$ 的固态粒子，硅藻土滤饼就能把活性白土及其吸附粒子一起过滤掉。

过滤首先从预沉积开始，由主体供油箱供给过滤助剂，在过滤纸上形成一定厚度的预涂层滤饼。预涂层保持有很小的空隙，过滤作用是在预涂层表面形成的。为避免轧制油中所含脂肪酸盐颗粒相互粘连在一起盖住预涂层而中断过滤作用，必须不断更新过滤层。因此，预涂层形成后，进入基体供给阶段，这时，硅藻土助滤剂粒子能够把污物粒子分隔开，形成一个多孔的滤饼，以防止污物粒子相互粘连，保持液流有敞开的通道。随着过滤层的加厚，滤箱入口压力不断增加，到一定压力后，过滤过程终了，进入清洗周期。一般情况下，当过滤箱入口压力达到规定压力后，就应进入更换过滤纸。助滤剂一般使用硅藻土和活性白土。

10.2.4.1 硅藻土

硅藻土是一种硅酸盐材料，它是由硅藻类残骸沉积而成的非金属矿，主要成分为 SiO_2，其含量一般应控制在85%以上，化学稳定性好且骨架坚硬，吸附力强，能有效地将 $1\mu m$ 以上的颗粒从轧制油中过滤掉，很大程度地提高轧制油的清洁度。硅藻土的每个颗粒在电镜下观察，具有很多的微细小孔通道、较低的密度、较大的比表面积、相对不可压缩性及化学稳定性能，是其他过滤介质所不具备的。原矿土的表面有吸附水和离子水形成的羟基，通常颗粒表面带有负电荷，在溶液中可吸附金属离子、有机化合物、高分子聚集物。但随着过滤进行其比表面积下降，羟基变成硅氧基，吸附能力大大降低。硅藻土主要技术指标见表10-6。

表 10-6 冷轧轧制油过滤用硅藻土主要技术指标

$w(SiO_2)$ /%	$w(Fe_2O_3)$ /%	$w(Al_2O_3)$ /%	pH 值	渗透率 /%	湿密度 /$g \cdot cm^{-3}$	比表面 /$m^2 \cdot g^{-1}$	吸水度 /$g \cdot mL^{-1}$
≥85	≤1.5	≤3.5	8~10	1.2~2.7	0.3~0.4	8~12	1.6~2.0

10.2.4.2 活性白土

活性白土是一种极性黏土物质，主要由硅氧四面体和铝氧八面体交替层叠的层状硅酸盐矿物——蒙脱石组成。蒙脱石经过酸处理，其中的杂质被除去，由于小半径的氢离子交换层面有大半径的二价、三价钙镁等阳离子，所以分子间的空隙、孔容得以增大，有利于吸附分子的扩散。因此活性白土不但具有阳离子交换能力，而且有很高的吸附能力，可过滤轧制油中小于 $1\mu m$ 的金属粒子、金属皂液或胶体形式污物以及显微尺寸在 $10^{-10}m$ 左右能使产品着色的物体，其脱色率可达92%以上，对提高轧制油的清洁度起重要作用。活性白土的主要性能指标见表10-7。

表 10-7 活性白土主要技术指标

活性度	游离度	脱色率/%	水分/%	机械杂质	粒度(通过75筛)/%
≥220	≥0.2	>70	<8	无	≥90

影响活性白土吸附性能的工艺条件主要是白土的用量、接触时间、反应温度和 pH 值。由于活性白土粒子尺寸一般都在 $5\sim15\mu m$，提高温度（$70\sim220$℃）有利于提高轧制油的流动性，使轧制油中的不理想组分充分进入白土吸附孔内，完成离子交换。

10.2.4.3 硅藻土与活性白土的配比。

硅藻土滤饼的机械过滤作用和活性白土的吸附作用，可以使轧制油保持清洁，一定量的硅藻土能保证滤饼的多孔性，同时，适宜的活性白土加入量，能清洁轧制油中较小的油污粒子，又能保证添加剂不至于全被过滤掉。即轧制油的灰分含量控制在一个相对稳定的水平上。油越不洁净，活性白土的比例越大，虽然活性白土与轧制油接触时间长和加大其用量都有利于净化过滤轧制油，但其用量过大则会使过滤能力大大降低，必须使它和硅藻土有一个合理的配比。由于油品和设备不同，该配比值相差很大，目前我们白土和硅藻土配比比较大，为 1：2，即加入25kg活性白土和50kg硅藻土。

10.3 日常生产中轧制油的管理

10.3.1 添加剂的品种与加入量

冷轧过程当中添加剂的品种和添加量不同，其所含的成分和所起的作用也不同。如油酸加入量的增加有利于提高油膜强度，但对铝板带材表面污染较重，无论是退火铝板带材还是硬状态铝板带材均有影响。因此，无论添加哪一种添加剂，都有一个最佳的添加量范围，其加入量也有所不同。另一方面，轧制油的消耗速度比较高，所以每次加入添加剂的时机和加入量要掌握好，以有利于其稳定性。

10.3.2 轧制油的检测

在生产中轧制油的各项技术指标非常重要，直接影响着轧制过程和成品的质量，因此，应定期检测轧制油的各项技术指标及添加剂的含量，只有掌握好添加剂含量、闪点、酸值、黏度等各项性能指标，才能保证轧制油的使用效果和产品质量。

10.3.3 防止机械油泄漏

由于机械油与铝轧制油的特性有很大区别，机械油的黏度高，重油成分多，如果轧机各装置所使用的润滑剂或液压油泄漏到轧制油中，将使铝板带材退火后其表面存在机械油引起油斑废品，对于因泄漏而造成污染严重的轧制油不能使用，可以通过有效的净化方法（一般采用分馏方法）来净化，否则应更换轧制油。因此，应加强设备各润滑点的密封、液压油箱的点检和记录机械油的泄漏情况，并随时监测轧制油技术指标。

10.3.4 防止轧制油老化

轧制油在储运、使用过程中，由于温度和空气的作用以及机械油的泄漏，轧制油将发生氧化、颜色变深、黏度和酸值增高，导致油品性能变坏及老化变质。轧制油中的水分和使用过程中温度较高（50~60℃）是导致轧制油老化的主要原因，其主要表现为稳定性变差，需不断调整添加剂来维持润滑性和抗压性。所以一般在轧制油使用初期阶段加入一定量的抗氧剂，以延长或达到轧制油的使用寿命。轧制油中存在水分易造成铝板带材表面腐蚀白斑。当终馏点、黏度、残留量增高，表明轧制油有其他油污染或者老化变质，并引起脱脂不良。轧制油中的酸值和硫含量在一定的条件下也会对铝板带材产生腐蚀作用，且气味较大。因此，一般要求基础油中硫含量在 0.05% 以下，酸值每克轧制油中 KOH 含量不超过 0.05mg。

11 冷轧 CO_2 灭火系统的设计原理及操作规程

11.1 概述

凡是有易燃易爆物的地方都需要进行安全防火。根据火源性质不同，所采取的防火方式不同。对于油类物质，目前基本都采取 CO_2 灭火，冷轧设备的冷却和润滑用的就是工艺润滑油。随着轧制技术的发展，轧机的运行速度越来越高，轧机的安全防火问题就必须引起我们的高度重视，为了预防轧制设备在运行期间由于各种原因引发的火灾安全事故，现代高速轧机都毫无例外的配置了 CO_2 灭火系统。

CO_2 为惰性气体，不助燃，不导电，灭火时不起任何化学作用和腐蚀作用，不会对设备造成污染和损坏。因而它主要用于扑救贵重设备、档案资料、仪器仪表、600V 以下电气设备及油类的初起火灾。CO_2 具有较高的密度，约为空气的 1.5 倍。在常压下，液态的 CO_2 会立即汽化，一般 1kg 的液态 CO_2 可产生约 $0.5m^3$ 的气体。因而，灭火时，CO_2 气体可以排除空气而包围在燃烧物体的表面或分布于较密闭的空间中，降低可燃物周围或防护空间内的氧浓度，产生窒息而灭火。另外，CO_2 从储存容器中喷出时，会由液体迅速汽化成气体，而从周围吸引部分热量，起到冷却的作用。

11.2 灭火系统原理

本节以国内某知名铝加工厂所使用的 CO_2 灭火系统为例，具体介绍该厂冷轧车间 CO_2 灭火系统的相关原理和操作方式。

11.2.1 CO_2 灭火系统的灭火范围和操作方式

11.2.1.1 灭火范围

CO_2 灭火系统是为了有效扑灭生产过程中的火灾安全事故，用于地下油库、地沟和轧机本体及烟道三个保护区域的火灾扑救。该厂冷轧车间最早只配备了一次和二次灭火，后来为了能够更加有效地扑灭生产中的火灾，保证人员和设备的安全特加装了三次灭火，以备不时之需。

11.2.1.2 操作方式

A 一次和二次灭火

对地下油库、地沟、轧机本体均有自动、电气手动（也称手操电动）和机械手动三种操作方式；烟道随同轧机本体同步灭火，轧机灭火时烟道防火阀门关闭烟道与轧机同步灭火。

B 三次灭火（备用组）

三次灭火（备用组）设计之初没有考虑，是后来添加的，没有接入 JB-HM8000/MH 火灾报警/灭火控制器内，故没有自动灭火，只有电气手动（也称手操电动）和机械手动两种操作方式。

11.2.2 CO_2 灭火系统各部分组成及工作原理

冷轧车间所使用的 CO_2 灭火系统是由火灾自动探测报警系统、灭火剂储藏、施放系统、施放管系及喷嘴等组成。灭火系统保护的区域包括地下油库、地沟和轧机本体及烟道。除烟道外，保护区域均设置探测报警系统，它们相互独立。其原理如图 11-1 所示。

11.2.2.1 火灾自动探测报警系统

本报警系统由 JY-GM-HM8000 型光电感烟火灾探测器和 JTW-SDM-HM 型感温探测器、JB-HM8000/MH 火灾报警/灭火控制器、TB-AN 紧急启/停按钮、TB-SG-HM8000 型声光报警器、TB-PS 型编码气体喷洒指示灯等组成。

地下油库、地沟、轧机本体的报警系统互为独立，每一保护区域中各设置两组独立的火灾探测和报警回路，分别布置感烟探测器和感温探测器。探测信号分别引入自动报警灭火控制器中。

一般情况下，自动报警灭火控制器均处于自动状态，火灾发生时，自动报警灭火控制器通过火灾探测器获得火灾信号，火灾所在区域的声光报警器会发出连续的声响，报警器上的灯会不停地闪烁，同时自动切断电源，关闭风机和防火门。自动报警灭火控制器向相应于失火区域的 CO_2 施放控制箱发出灭火指令，启动控制箱内控制气瓶的电磁瓶头阀，打开相应的 CO_2 瓶组，对失火区域进行灭火作业。如系统处于手动灭火工作状态，系统此时不能进行灭火，必须手启动紧急灭火按钮，或在自动控制器上手动启动保护失火区域的紧急灭火按钮，方可进行灭火。无论系统处于自动灭火状态还是手动灭火状态，系统均能进行电气手动（手操电动）灭火。在油库、地沟延时过程中，系统还具有紧急切断、终止灭火的功能。

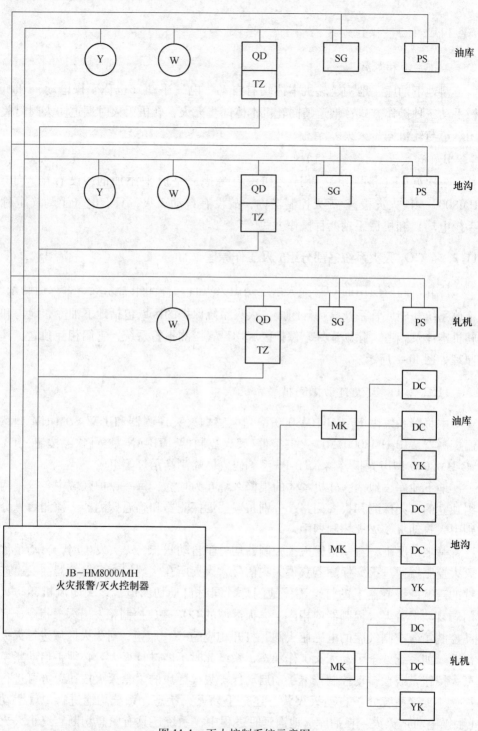

图 11-1 灭火控制系统示意图

11.2.2.2 灭火剂储藏和施放系统

灭火剂储藏和施放系统有 CO_2 瓶组、CO_2 施放箱、气控施放阀、止回阀等组成。

CO_2 瓶组由 CO_2 施放控制箱控制，每只 CO_2 施放控制箱负责开启其保护区域所需要的 CO_2 瓶数、当 CO_2 施放控制箱收到自动报警灭火控制器发出的灭火指令后，箱内控制气瓶瓶头阀由电磁阀开启，瓶内的高压 N_2 相继开启气控施放阀、止回阀和 CO_2 瓶头阀，使 CO_2 灭火剂由施放管系进入保护区域进行灭火。CO_2 施放箱在必要时也可手动操作。

11.2.2.3 施放管系和喷嘴

CO_2 施放管道是输送 CO_2 灭火剂的通道，是本系统的重要组成部分。本系统中的 CO_2 施放管道采用无缝钢管并进行内外镀锌。控制气体管道采用紫铜管。

喷嘴是喷洒 CO_2 灭火剂的部件，喷嘴设置能使 CO_2 灭火剂均匀地喷向各保护区域。

11.2.3 系统设置

11.2.3.1 TB-AN 紧急启/停按钮

A 一次和二次灭火

一次和二次灭火的 TB-AN 紧急启/停按钮每区设置两个。其中三个保护区的一只手动启动盒统一装在 A 列墙上，轧机的另一只手动启动盒设置在 CO_2 气瓶附近，地下油库的另一只启动盒设置在地下油库入口处，主地沟的另一只手动启动盒设置在主地沟的入口处。轧机的主操作台和副操作台上各有一个对轧机本体进行灭火的火灾急停按钮。

B 三次灭火（备用组）

三次灭火（备用组）的 TB-AN 紧急启/停按钮共有 3 个，分别装在 A 列墙上、CO_2 气瓶附近和车间进大门左侧工具箱旁柱子上。

11.2.3.2 TB-SG-HM8000 型声光报警器

该系统配置了 6 个 TB-SG-HM8000 型声光报警器。在辊缝外每、地下油库主入口处、入口处各设置 1 个；在 A 列墙 TB-AN 紧急启/停按钮上方设置了 3 个。

11.2.3.3 TB-PS 型编码气体喷洒指示灯

该系统配置了 2 个 TB-PS 型编码气体喷洒指示灯，分别设置在地下油库的主入口处和主地沟入口处。当指示灯亮时，不要进入相应区域。

11.2.3.4 Y-GM-HM8000 型光电感烟火灾探测器和 JTW-SDM-HM 型感温探测器

该系统设有感烟探测器 11 只感温探测器 19 只，其中轧机本体只设置了 8 只感温探测器，装在轧机本体烟罩下；地下油库感烟探测器和感温探测器各设置了 4 只，装在地下油库的顶板下；地沟感烟探测器和感温探测器各 3 只，装在地沟顶板下。每一个保护区域的火灾探测器均设置成两组。

11.2.3.5 CO_2 喷嘴

轧机本体烟罩下有 12 只喷嘴，底部集油槽 2 只，轧机的开卷和卷取处 4 只，烟道内设置了 2 只喷嘴；地下油库一共布置了 12 只喷嘴；地沟内设置了 4 只喷嘴。

11.2.3.6 自动报警灭火控制器（JB-HM8000/MH 火灾报警/灭火控制器）

JB-HM8000/MH 火灾报警/灭火控制器（见图 11-2），装在 A 列墙上，可对全部保护区域进行灭火作业。该控制器电源使用 AC220V，系统状态显示区内主电上方灯亮；当失电时，自动转换到备电工作。正常情况下，系统状态显示区，显示系统正常，主电上方灯亮；功能键区自动灯亮；紧急启动区开关打在关上；手动允许开关打在开上。若要到保护区域内作业时，需双击功能键区自动按钮，再通过数字键区加号或减号选择区域后双击屏蔽按钮屏蔽系统后方可进入相应区域。

注意：自动报警灭火控制器控制面板手动允许开关选择"关"时，仅消音键有效；选择"开"时，所有键有效，可以进行启动或停止灭火等作业。

11.3 操作方法

本节以国内某铝加工厂所使用的 CO_2 灭火系统为例，具体介绍该厂冷轧车间 CO_2 灭火系统的操作方法。

11.3.1 自动灭火

11.3.1.1 原理

图 11-3 为自动灭火原理图。

11.3.1.2 一次和二次自动灭火

当一组火灾探测器发现火情，自动报警灭火控制器接收到火灾信号后，立即

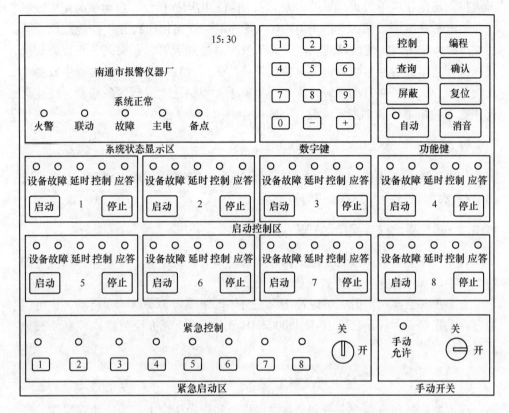

图 11-2　自动报警灭火控制器（JB-HM8000/MH 火灾报警/灭火控制器）

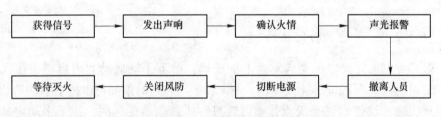

图 11-3　自动灭火原理图

在报警器的公共火灾显示灯和相应于发生火灾的区域火灾显示上显示，指示火灾的发生和所在的区域。同时自动启动火灾区域的声光报警装置，发生连续声响，当另一组火灾探测器发现火情后，表示这一探测区域中的火灾得到确认，自动报警灭火控制器立即进入准备灭火阶段，同时相应失火区域和火灾控制中心的 CO_2 施放声光报警器发出 CO_2 施放警报，通知现场人员撤离，输出信号自动切断失火区域除应急照明外的全部照明电源和动力电源，自动延时（30±5）s 后（轧机本体和烟道没有延时），关闭风机和防火阀门。在自动灭火工作状态下，自动报警灭火控制器向相应于失火区域 CO_2 施放控制箱发出灭火指令，启动控制箱内控制气瓶的电磁平头阀，瓶内 N_2（6.0MPa）通过控制管路依次打开气控施放阀、止回阀、CO_2 瓶头阀，然后储液瓶内灭火剂依次通过虹吸管、瓶头阀、气控施放阀及施放管路，最后通过喷嘴进入火灾现场，达到灭火目的。在延时过程中，如果火灾已被扑灭，可在自动报警灭火控制器或灭火控制盒上进行紧急切断，终止灭火作业（轧机本体和烟道无延时，不能终止灭火作业）。

11.3.1.3 三次灭火（备用组）

三次灭火（备用组）没有接入自动报警灭火控制器（JB-HM8000/MH 火灾报警/灭火控制器）内，不能进行自动灭火。

11.3.2 电气手动（手操电动）灭火

若发现探测器故障或者其他原因导致自动灭火系统不能正常动作，则应立即按电气手动（手操电动）方式灭火。

在一次和二次灭火时，可以按下火灾急停按钮或者手动启动盒启动，也可以通过自动报警灭火控制器（JB-HM8000/MH 火灾报警/灭火控制器）控制面板上开关进行启动灭。

11.3.2.1 火灾急停按钮启动

火灾急停按钮有两个，分别装在主操作台和副操作台上。为防止误操作，平时火灾急停按钮上有安全盖；启动时需先把安全盖取下，再按下火灾急停按钮进行灭火作业。

11.3.2.2 手动启动盒启动

敲碎对应火灾区域手动启动盒上的玻璃，按下手动启动盒内启动按钮（绿色）即可对火灾区域进行灭火作业。油库和地沟在延时期间可以按下手动启动盒内停止按钮（红色）终止灭火作业，轧机本体和烟道无延时，按下手动启动盒内启动按钮后立即进行灭火，无法使用手动启动盒内停动按钮终止灭火作业。

11.3.2.3 自动报警灭火控制器控制面板启动

油库、地沟、轧机本体（含烟道）发生火灾时，可以双击控制面板启动控制区对应火灾启动键和单击紧急启动区对应保护区域启动键，就能进行灭火作业。油库、地沟在双击控制区对应保护区域启动键后有延时，在延时期间可以按下对应区域停止键终止灭火作业；任何区域通过紧急启动区启动后，均无延时，直接进行灭火作业且无法终止灭火作业。启动控制区和紧急启动区 1 对应保护区域为油库；2 对应保护区域为地沟；3 对应保护区域为轧机本体（含烟道）。

注意：紧急控制区内的选择开关选择"关"时，紧急启动失效；只有选择"开"时，紧急启动才有效。由于紧急启动没有延时，所以在手动启动失效或控制不正常且灭火区域内无人的情况下使用。

11.3.2.4 三次灭火（备用组）

使用三次灭火（备用组）灭火时，由于其没有接入自动报警灭火控制器，故在启动前要先打开火灾区域释放管上的释放阀，关闭其他区域释放阀后才可以启动。其启动方法是：敲碎手动启动盒上的玻璃，按下手动启动盒内启动按钮（绿色）即可对火灾区域进行灭火作业。三次灭火（备用组）没有延时，一旦按下启动按钮就进行灭火作业而且无法终止灭火作业。

11.3.3 手动灭火

当被保护区域发生火灾后，如果报警监控系统等发生故障，或者主电、备电均无法工作时，则需采用手动操作灭火。

11.3.3.1 一次和二次灭火

A CO_2 施放箱启动

首先关闭其他区域施放阀，再打开离 CO_2 气瓶最近的释放箱，拿出手柄，确认发生火灾区域和保护该区的 CO_2 施放箱，打开箱门，拔下箱内启动 N_2 瓶瓶头阀上的保险销，插入手柄后压下手柄，打开该启动钢瓶瓶头阀，即可对失火现场进行灭火作业。

B CO_2 气瓶启动

如果启动钢瓶 N_2 发生泄漏（N_2 瓶压力低于 5.0MPa），首先要打开火灾区域施放阀（如果其他区域施放阀已经打开必须将其他区域施放阀关闭），再打开离 CO_2 气瓶最近的释放箱，拿出瓶头阀开启手柄，用瓶头阀开启手柄依次打开火灾区域的施放阀和释放器后打开 1~2 瓶 CO_2 储液瓶上的瓶头阀，即可冲开该区域其余的 CO_2 储液瓶，对失火区域进行灭火。

11.3.3.2 三次灭火（备用组）

A N_2 瓶启动

关闭其他区域施放阀，拔下 N_2 瓶瓶头阀上的保险销，压下手柄，打开该启动钢瓶瓶头阀，即可对失火现场进行灭火作业。

B CO_2 气瓶启动

如果启动钢瓶发生泄漏（N_2 瓶压力低于 5.0MPa），首先打开火灾区域施放（如果其他区域施放阀已经打开需将其他区域施放阀关闭），再打开离 CO_2 气瓶最近的释放箱，拿出瓶头阀开启手柄，用瓶头阀开启手柄依次打开火灾区域的施放阀和释放器后打开 $1 \sim 2$ 瓶 CO_2 储液瓶上的瓶头阀，即可冲开该区域其余的 CO_2 储液瓶，对失火区域进行灭火。

注意：启动前需先打开火灾区域释放管上的释放阀，关闭其他区域释放阀。

11.3.4　注意事项

注意事项有：

（1）对于自动和电气手动（手操电动）灭火方式，一般情况下，自动报警灭火控制器旁的一、二次灭火转换开关均处于一次灭火状态，当一次灭火无法对失火区域完全灭火时，则可将此转换开关由一次灭火转换为二次灭火，然后再启动相应区域的灭火按钮。

（2）对各区域灭火的控制，实际上是通过对施放阀的打开或关闭进行控制来完成的，例如，在手动方式下，可以通过对 CO_2 瓶组交叉组合的控制来达到对某一区增加 CO_2 的施放量。

（3）自动报警灭火控制器上的油库、地沟和轧机本体在按下紧急启动区启动键后，各区域均无延时，系统会立即打开相应区域的 CO_2 储液瓶进行灭火。

（4）自动报警灭火控制器上的紧急启动区选择开关为"关"状态，防止误操作。

（5）火灾报警后，操作人员应立即对火灾现场进行察看，以免发生误操作。确认保护区域失火，在 CO_2 自动灭火系统启动后，操作人员应立即撤离火灾现场，以免发生意外。

（6）当出现特殊情况，一次灭火和二次灭火均未能把火扑灭或者其他情况下，必须使用三次灭火（备用组） CO_2 气瓶。此时必须先到达 CO_2 三次灭火（备用组）气瓶摆放点，打开施放阀，然后敲碎启动盒表面的玻璃，按下里面的启动按钮进行灭火。三次灭火（备用组） CO_2 无自动打开施放阀装置，如不先打开，则 CO_2 气瓶释放的高压气体会堵塞在施放管道中，无法释放到火灾区域。

（7）控制面板操作时双击也就是在 3s 内连续按两次同一功能键，紧急启动时无需双击。

11.4　日常维护与保养

本节以国内某铝加工厂所使用的 CO_2 灭火系统为例，具体介绍该厂冷轧车间 CO_2 灭火系统的日常维护与保养。

11.4.1　日常管理

为了保证该 CO_2 自动灭火系统在任何情况下能有效地进行灭火作业，除了要求操作人员熟练掌握各部件的操作使用技能外，还必须有专人维护保养，定期检查。

系统的日常管理工作主要是检查各报警、控制设备是否正常。

（1）检查自动报警灭火控制器是否正常。

（2）检查电源设备是否正常。

（3）检查 CO_2 瓶头阀安全膜片是否被击穿，如被击穿则应及时更换。

（4）开动自动报警灭火控制器进行自检，检查系统有无故障。

11.4.2 半年检查

系统半年检查工作有：

（1）检查 CO_2 气瓶的重量，并作好记录，当发现 CO_2 重量减少10%以上时，应予补充或更换。

（2）检查 CO_2 施放控制箱内控制气瓶中 N_2 压力，并作好记录，当发现 N_2 压力少于5.0MPa时，应进行补充。

（3）全面检查自动报警灭火控制器、电源设备，并按产品说明书保养，对失效部件予以更换。

（4）对火警铃、声光报警器进行检查、并作实效试验。

11.4.3 年度检查

系统年度检查工作有：

（1）检查气控施放阀、气动开启装置气缸的 O 型密封圈及其开启的灵活性，发现 O 型密封圈老化应及时更换。

（2）检查控制管道、喷嘴和灭火剂输送管道有无堵塞，用压缩空气（4.0MPa）吹洗灭火剂输送管道。

（3）检查电磁阀的可靠性。

11.4.4 安全膜片的更换方法

在使用过程中，如发现储液瓶安全膜片超压爆破，应立即进行更换膜片，并充装 CO_2 灭火剂，以保证系统的完整性。具体安全膜片和工作膜片的更换方法如下：

取下瓶头阀中以爆破的膜片，装上新的安全膜片和压环，使压环光面朝向膜片，装上压紧螺塞，用专用扭力扳手拧紧螺塞，其拧紧力为60N·m，然后进行气密性试验。对于 CO_2 瓶头阀其试验压力为14.7MPa，试验时间为5min，无渗漏即可投入使用。

11.5 手提式 CO₂ 灭火器和手推式干粉灭火器的使用

11.5.1 手提式 CO₂ 灭火器

A 适用范围

用来扑灭图书、档案、贵重设备、精密仪器、600V 以下电气设备及油类的初起火灾。

B 使用方法

手提灭火器迅速赶到现场，除掉铅封，拔掉保险销后站在距火源 2m 的地方，转动喇叭筒，一只手拿着喇叭筒，另一只手压下手柄对着火源根部喷射，并不断推前，直至把火焰扑灭，最后将使用过的灭火器放到指定地点。图 11-4 所示为灭火示意图。

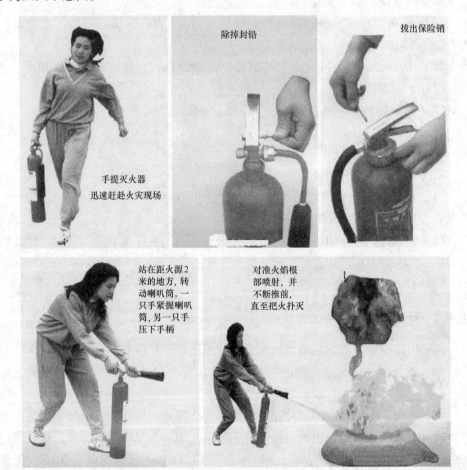

图 11-4 灭火示意图

C 注意事项

对没有喷射软管的二氧化碳灭火器，应把喇叭筒往上扳 70°～90°。使用时，不能直接用手抓住喇叭筒外壁或金属连接管，防止手被冻伤。在室外使用时，应选择上风方向喷射；在室内窄小空间使用的，灭火后操作者应迅速离开，以防窒息。

11.5.2 手推式干粉灭火器

A 适用范围

可扑灭一般火灾，还可扑灭油、气等燃烧引起的失火。

B 使用方法

通常，使用手推式干粉灭火器需 2 人配合使用。首先将灭火器推到火灾现场，然后展开喷粉胶管，直至平直，不能弯折或打圈，再拔出保险销，一人向上抬起手柄，另外一人手拿喷枪根部，对准火焰喷射，不断靠前左右摆动喷粉枪，把干粉笼罩在燃烧区，直至把火扑灭为止。使用完的手推式干粉灭火器应该摆到规定地点。

C 注意事项

锂离子电池仓库着火，干粉灭火器无法有效扑灭，当火情较大时，灭火更困难；在室外使用时应置于上风方向；要充分展开出粉管，不可有拧折现象；扑救油类火灾时，不要使干粉气流直接冲击油渍，以免溅起油面使火势蔓延。

12 冷轧辊的管理、使用与磨削技术

在铝板带生产中，轧辊对于产品的质量关系极大，另外轧辊在冷轧成本中占了较大的比重。本章将讲述冷轧辊的管理、使用以及磨削技术。

12.1 冷轧辊的管理，使用与故障预防

12.1.1 轧辊管理

轧辊性能及质量在轧制生产中直接影响冷轧产品产量和产品质量。

每一对轧辊都应当进行编号，建立档案，内容包括编号、生产厂家、进厂日期、原始硬度、检验合格证（含材料、原始硬度、公差等）、磨削使用记录，轧制通过量，曾经发生过的事故记录、图片等。

轧辊储存要求：

(1) 在辊身与辊身之间放置隔垫(木头楔、橡皮垫)，以避免辊身互相接触。

(2) 轧辊轴颈、密封区域和辊身应做防锈处理。

(3) 储存在适当的环境里，避免辊身的温度突然变化。

(4) 确保储存地、支架和设备无任何残余磁化现象。

12.1.2 轧辊使用

轧辊的吊装，运输和储存过程中，容易出现一些意外事故和不正常的损伤，因此要格外小心。

轧辊使用一般要求如下：

(1) 吊运轧辊时，避免辊与辊接触。

(2) 在轧辊辊颈适当起吊的地方使用合适的起importe吊具。

(3) 在运输过程中，轧辊辊身不得与任何硬物接触。

(4) 在使用过程中，操作手要注意来自轧机内部的各种细小声音变化，防止轧机上方的零部件掉入正在轧制的铝板上，损伤轧辊；同时要防止轴承干摩擦，抱死轧辊。

(5) 轧辊使用一定时间或通过一定的轧制量后，辊面出现疲劳层，粗糙度也发生了较大变化，因此要及时磨削。

(6) 上下轧辊不能随意调换位置，即："上辊永远是上辊，驱动侧永远是驱动侧"。

（7）清洗轧辊时，使用柔软的棉布，防止擦伤辊面。

12.1.3 事故预防

轧辊故障通常包括以下几种：

（1）辊面异常（包裹体、橙皮状皱面、辊印、软点、热裂纹）。

（2）剥落（轧辊材质引起的剥落、接触性应力引起的剥落）。

（3）辊颈断裂（金属疲劳引起的辊颈断裂、材料质量问题瞬时激发的辊身断裂、轧机过载引起的瞬时辊颈断裂）。

（4）辊身断裂（金属疲劳引起的辊身断裂、材料质量问题瞬时激发的辊身断裂、轧机过载引起的瞬时辊身断裂）。

12.1.3.1 轧辊辊面的异常

在外观上，热裂纹包括紧密的纵向小热裂纹、各种图案的"龟裂"和河床干裂状。产生热裂纹的原因是轧机操作和材料，图 12-1、图 12-2 所示。一般来说，热裂纹也伴随着软点区一起出现。

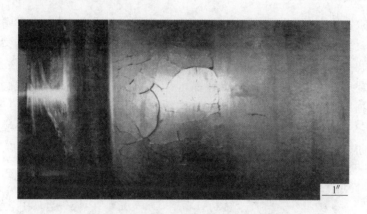

图 12-1　铝热轧工作辊上的热裂纹现象

软点区是热裂纹生成的第一阶段。当再退火马氏体钢从其周围的材料中收缩时，在软点区内就产生不均匀应力。当软点区受到应力释放时，就激发热裂（应力裂纹）。随着轧机的继续运行，热裂呈径向和环形扩散，最终产生剥落。

热震是轧辊辊面因快速加热和冷却造成的剥落现象，属于一种更严重的热裂纹形式，以瞬间方式产生。热震通常是因为缠辊（粘辊），使轧辊辊面温度上升，导致轧辊瞬时产生裂纹和剥落。

预防措施：

减少产生软点区的条件或导致热震的条件，就能减少在轧辊辊面形成热裂的可能性。

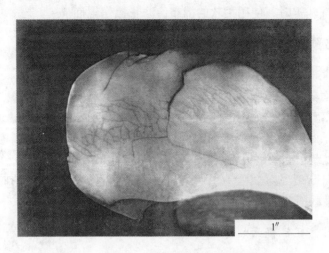

图 12-2　冷轧机工作辊剥落面上的热裂现象

12.1.3.2　剥落

辊面激发的剥落在断裂面上会出现金属疲劳"破损"裂痕。金属疲劳裂痕呈环形断裂裂痕，有时，这些环形裂痕会延伸回到辊面上。金属疲劳裂痕的特征就是金属疲劳滞留印痕（沙滩浪痕）和金属疲劳断裂面上的"扇形"断裂线。金属疲劳裂痕长度从几英寸到环绕轧辊几周圈。辊面激发处常伴有热裂纹。金属疲劳"破损"裂痕的蔓延方向与轧辊旋转的方向相反。

图 12-3 中，大箭头所指是典型的金属疲劳滞留印痕。小箭头指的是金属疲劳扩散方向。

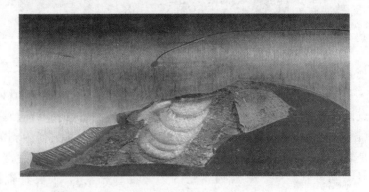

图 12-3　剥落断裂面上的金属疲劳轨迹

辊面激发的剥落发生分几个不同的阶段：

（1）阶段 1～3：轧辊辊面激发裂纹。此裂纹可以是由软点产生的或同软点无关的辊面裂纹产生的。例如辊印、划痕等起着应力集中的作用而产生辊面裂纹。轧辊每次转动，整个轧辊辊面经历着高抗拉应力与高抗压应力多次更替。某点上的任何应力集中都会导致辊面裂纹的扩展。

（2）阶段4：轧辊每一次转动，裂纹都会通过过渡区（硬度深度）呈径向和环状扩散，在阶段4，出现径向和环状金属疲劳轨迹，此轨迹具有明显的滞留印痕和"扇形"破裂流线。

（3）阶段5：裂纹继续在辊面下过渡区呈环形扩散。在阶段5，环状金属疲劳轨迹具有延续性，在金属疲劳轨迹内表现出明显的滞留印痕和"扇形"破裂流线。

（4）阶段6：周围基质的屈服强度降到剥落发生的程度。阶段6的现象可在阶段4和阶段5之间的任何时间发生，这取决于轧辊材质强度和所产生的轧制应力大小。此破裂的最终阶段为瞬时的，实际上是脆性的，可以看到纤维状破裂流线，该流线源于破裂面上的金属疲劳轨迹。

可以采用下列方法预防辊面激发的剥落：

（1）避免与轧机有关的轧辊损伤，如软点、裂纹、辊印、划痕或任何可能起到应力集中作用的因素。

（2）如果在轧辊上产生的轧制应力大于轧辊材料强度，就可能在一个轧制周期内出现辊面裂纹激发、扩散和剥落的全过程。缩短轧制周期和减低轧制力，可以防止辊面损伤。这些损伤是某一轧制周期产生的，如果不磨削清除，它们就会激发裂纹而进入金属疲劳轨迹阶段。

（3）磨削操作过程中要确保消除最后轧制期间所引起的任何表面损伤。磨削操作完成之后要对每支轧辊采用涡流探伤和超声波检验技术检查。这可以确保每支返回到生产的轧辊无任何激发金属疲劳轨迹的可能。

由于轧机的负荷以及轧辊在接触点上的局部压扁，最大剪切合应力（通常称作"赫兹应力"）位于辊面上的浅处。可以激发多处裂纹，并在赫兹应力超过轧辊抗压强度时在辊面上的浅处弥散。这会通过两种模式发生：

1）瞬时：由于赫兹应力突然增大，这种现象出现于缠辊、打滑或突然停机。赫兹应力显著地提高，很容易超过轧辊的抗压强度。于是辊面上的裂纹可瞬时形成并随轧制应力再重复出现，裂纹通过疲劳模式扩散，并且可能产生剥落。在过高接触性应力的极端情况下，辊面上的裂纹可瞬时激发和扩散造成剥落。

2）高频率金属疲劳破裂：这种辊面上裂纹激发的模式，在支承辊中发生的比较多。一般来说，这种金属疲劳破裂被称为"易碎"型剥落，这是在辊面上长时间激发的裂纹产生的剥落。如果这些应力作用次数足够，即使该重复出现的应力低于轧辊内在材料强度，也能导致裂纹激发现象。在这些应力作用区的许多点，高频率接触性应力疲劳剥落激发出许多非常小的裂纹，这些小裂纹同辊面成切线平行排列。于是，应力重复循环出现，使这些小裂纹向辊面扩展，直至辊面剥落。有些时候，接触应力疲劳裂纹可以呈径向和环形扩散，形成疲劳"破损"轨迹，这时，剥落是不可避免的。

有几种因素可产生接触性金属疲劳剥落，例如：轧辊在轧机上的使用时间过长、轧辊磨削量不够、轧制压力、工作辊与支撑辊的直径差。

A 瞬时接触性应力剥落产生机理

最大残余剪切合应力就位于辊面上。轧机突然停机、或特别情况下打滑，都会产生超过轧辊抗压强度的最大剪切合应力。这种剪切合应力的突然升高可导致辊面下裂纹瞬时形成。在极端情况下，接触性应力剧增足以引起辊面下裂纹形成，并扩散造成即时剥落现象。

B 高频率接触性应力金属疲劳机理

辊身疲劳是由于辊身硬度高，辊身上的高频率接触性应力的金属疲劳通常是轧辊上激发的点负荷造成的结果。这个点负荷可能是辊缝内的一小片金属屑，可能是穿过辊缝的一块断裂焊接残渣，也可能是使应力集中于辊身某一独立点上的任何物品，它们在辊体某一点上起着把应力集中的作用。如果这种应力大于材料的抗压强度，可在辊面激发产生小裂纹，这些小裂纹经疲劳"破损"轨迹模式迅速扩散，并最终产生剥落。

辊身边部是指在轧辊投入轧制使用时，板带边部、工作辊和支承辊两端的接触区或工作辊的边部，必将成为应力集中地方。随着轧辊的每一次转动，如果位于辊面上的最大残余剪切合应力，超过材料的抗压金属疲劳强度，裂纹就会在这个位置形成。该应力高频率出现致使裂纹向辊面扩散，在辊面出现小的"破碎"剥落。在许多情况下，金属疲劳"破损"轨迹会在辊面上接触性应力金属疲劳裂纹已经形成的地方激发。然后金属疲劳"破损"轨迹呈径向和环形扩散，使其周围的材料强度下降，导致大块剥落现象。

C 预防措施

瞬时接触性应力剥落：避免故障，如打滑、缠辊、粘辊等。图 12-4 为工作辊与支撑辊接触应力分布。图 12-5 为工作辊辊身边部瞬时剥落的破裂面。图 12-6 为冷轧工作辊辊身边部剥落。图 12-7 为不合理的角设计造成支承辊上高频率接触性金属疲劳"压碎"剥落。

高频率接触性应力金属疲劳预防措施：预防冷轧工作辊上发生高频率接触性应力金属疲劳剥落。

（1）避免磨料或焊料进入辊缝使最大剪切合应力增加，并且大于轧辊的抗压金属疲劳强度。

（2）磨削完成后，应对每个轧辊采用双探头超声波检查技术（"pitchcatch"）进行检验。确保返回轧机上的每个轧辊辊面和辊面下都没有裂纹。

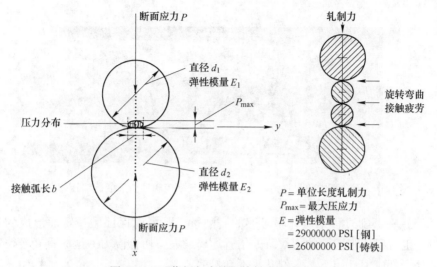

$P =$ 单位长度轧制力
$P_{max} =$ 最大压应力
$E =$ 弹性模量
$\quad = 29000000$ PSI [钢]
$\quad = 26000000$ PSI [铸铁]

图 12-4　工作辊与支撑辊接触应力分布图

图 12-5　工作辊辊身边部瞬时剥落的破裂面

图 12-6　冷轧工作辊辊身边部剥落

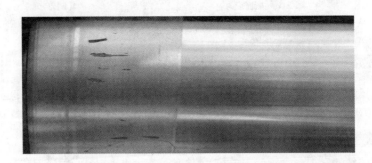

图 12-7 不合理的角设计造成支承辊上高频率接触性金属疲劳"压碎"剥落

（3）在磨削过程中对轧辊足够的磨削量，既可以保证磨掉辊面形成的任何裂纹，也可以使辊面上的裂纹所处位置远离最大剪切合应力。这些重新定位的裂纹会处于低应力环境下，它们几乎不会扩散。

（4）缩短换辊周期，减少轧辊承受应力频率数。超过轧辊抗压金属疲劳强度的应力重复出现，而这种应力频率数又足够，就会激发辊面下的裂纹。

（5）降低轧制力，以降低最大剪切合应力。

（6）合理设计轧辊表面形状（工作辊/支撑辊凸度），确保沿着整个工作辊/支承辊（中间辊）接触区域有一个均匀的接触模式。

（7）工作辊辊身边部设计为圆角，以减少辊身边部的应力集中。

（8）支撑辊辊身边部设计为圆角和适当的后角（约0.5°），以便减少工作辊和支撑辊辊身边部接触点处的应力集中。

支撑辊通常不发生瞬时接触性应力剥落，但高频率接触性应力金属疲劳剥落则相当普遍。高频率接触性应力金属疲劳剥落可在轧辊辊身的任何位置发生，并且经常有一个"破碎"剥落外观。由于支撑辊的硬度低，"破碎"剥落通常较大，而且与工作辊高频率接触性疲劳剥落相比，它们的外观通常更严重。辊面下接触性应力金属疲劳裂纹在露出到辊面（剥落）前，可以无声无息发展。

支撑辊的高频率接触性应力金属疲劳机理是当辊面下的最大剪切合应力超过材料抗压疲劳应力时，都可以产生剥落现象。支撑辊上高频率接触性应力金属疲劳的最常见位置是在辊身的中心凸出部位、辊身两端和支撑辊与工作辊两端的接触点。这些区域在轧制期间成为应力集中点，并且使辊面下的最大剪切合应力明显上升。

支撑辊中的高频率接触性应力金属疲劳可采取下列措施预防：

（1）磨削完成后，每支轧辊都采用双探头超声波检查技术进行检验。这会确保返回轧机上服务的支撑辊没有辊面和辊面下的裂纹。

（2）在磨削过程中对轧辊足够的磨削既可以保证磨掉辊面形成的任何裂纹，也可以使辊面上的裂纹远离最大剪切合应力区域。这些重新定位的裂纹处于较低应力环境下，几乎不扩散。

（3）缩短换辊周期，减少轧辊承受应力的频率。

（4）降低轧制力以降低最大剪切合应力。

（5）增加支撑辊的硬度，以提高轧辊抗疲劳强度。

（6）如果接触性应力金属疲劳剥落发生于轧辊寿命的晚期，通过适当地选择轧辊材质和热处理工艺，以增加淬硬层深度，会增加直径减小了的轧辊抗疲劳强度。

（7）支撑辊辊身边部设计为圆角和适当的"后斜角"，以便减少工作辊边部和支撑辊接触区的应力集中。这种设计也减少在支撑辊辊身边部的应力集中。减少辊身凸度量，以便减少辊身中心处的最大剪切合应力。工作辊的锐利边缘在支撑辊边部附近切入辊面，支撑辊边部使应力得到集中。在这种情况下，采用锥形后角代替突然改变直径的方式，就可消除这种剥落现象。

12.1.3.3 辊颈、辊身断裂

因轧机过载造成的瞬时辊颈断裂，一般是沿着横截剪切（45°）面发生，如图 12-8、图 12-9 所示。其特征为从辊面单点激发，断裂流线从激发位横过整个断裂面。断裂面中部具有典型的可塑性外观。裂纹不是在一个很长的时间内发生，而是瞬时发生的。

图 12-8　辊颈断裂

瞬时辊颈断裂通常发生在轧机相关故障，使施加于辊颈的弯曲应力突然提高的时候。如果所施加的弯曲应力超过辊颈材料强度，瞬时断裂就会发生。断裂激发于辊颈面上弯曲应力最高的某点，然后呈径向和纵向在横剪切面上扩散。

辊颈断裂预防措施：避免给辊颈施加突然增高的弯曲压力。

辊身断裂的预防措施：控制轧机负荷和操作状况，避免辊身上异常应力集中，就能防止轧机过载产生的辊身瞬时断裂。

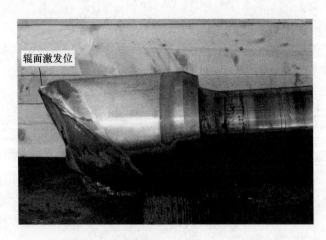

图 12-9 瞬时断裂轧辊侧视图（断裂的横截剪切面 45°）

12.2 冷轧机工作辊的磨削技术

本节以国内某铝加工厂所使用的 φ360×1400 冷轧机工作辊及 M84100B 磨床为例，介绍该系列工作辊的磨削工艺。

冷轧辊的磨削是一项难度较大，对磨床性能要求，磨工操作水平要求都很高的工作。

目前，国内市场上委托磨削一对冷轧辊费用在 5000 元左右，一般的磨削成功率不会高于 70%。

一对合格的冷轧辊除了要满足粗糙度、圆度、圆柱度、直径差、凸度等技术要求外，还必须无明显表面缺陷，对于前几项技术要求的控制相对较容易，而表面缺陷的控制难度要大得多。

12.2.1 M84100B 磨床的基本参数

M84100B 磨床的基本参数见表 12-1。

表 12-1 M84100B 磨床的基本参数

最大磨削直径/mm	1000
最小磨削直径（新砂轮）/mm	120
最小磨削直径（旧砂轮）/mm	350
工件最大旋径/mm	1250
中心高/mm	630

续表 12-1

顶尖距/mm		5000
最大磨削长度/mm		5000
工件最大质量/t		20
工件转速范围/r·min^{-1}		5 ~ 50
砂轮转速范围/r·min^{-1}		600 ~ 1200
中凸量及中凹量范围（在半径上）/mm		0.01 ~ 1
砂轮最大规格（新砂轮）/mm		750×75×305
砂轮最小规格（旧砂轮）/mm		500×75×305
砂轮横向进给量	自动进给–调整手把每格刻度值/mm	0.005
	手动粗进给手轮每转/mm	0.5
	手动粗进给手轮每格刻度值/mm	0.01
	手动微进给手轮每转/mm	0.002 ~ 0.012

12.2.2　操作方法及磨削工艺选择

12.2.2.1　砂轮的选择、静平衡及修整方法

磨削冷轧辊用的砂轮一般选中软砂轮，粒度在 80 ~ 120 目。砂轮在使用前要认真仔细反复地进行静平衡，砂轮装夹时要清理干净砂轮轴及砂轮卡盘内锥孔的杂质，以免造成砂轮偏心。砂轮装好后先修几道，然后拆下来再做一次静平衡，经过二次静平衡后，就可使用了。在使用前及砂轮钝化后都要对砂轮进行重新修整，对于砂轮轴有弯曲或轨道扭曲的磨床来说，修砂轮时最好将砂轮母线修成弧形或者使用片状金刚石修整器，这样可以有效防止或减轻辊面螺旋纹。另外还要注意：

（1）用旧刀粗修砂轮，用新刀精修砂轮。

（2）修砂轮时拖板速度，砂轮转速，要与工作时基本相同，每次砂轮进给 0.04 ~ 0.09mm，修 3 ~ 4 道次为宜。

（3）为了消除在砂轮表面形成唱片纹或个别凸起，在修最后一刀时走空刀。

（4）砂轮修整完后，要用毛刷清洗砂轮表面，同时开大冷却液，把刷下来的砂粒冲掉。

（5）在修砂轮及磨削时磨工最好不要在磨床操作台上随意走动。

12.2.2.2　磨削时的对刀及砂轮进给量的控制

对于老式旧磨床来说，对刀及磨削时要有耐心，切不可求急图快，以免造成

进给量过大引起烧伤型螺旋纹。有经验的磨工常用听工件和砂轮之间冷却液声音的变化来判断砂轮与工件之间的距离变化，比较保险的做法是在轧辊表面涂上红油，然后试探性地进刀。砂轮的进给应根据工艺要求进行，但要做到进给量的相对准确性，主要靠控制微量进给手轮的旋转角度。

12.2.2.3 磨削工艺选择

在 M84100 老式磨床上磨冷轧工作辊，经长时间摸索，我们采用以下粗磨、精磨工艺，需要说明的是采用这样的磨削工艺是受磨床的性能限制，其缺点是磨削效率低。表 12-2 为 $\phi 360 \times 1400$ 冷轧工作辊磨削工艺（推荐粗磨时用），表12-3 为 $\phi 360 \times 1400$ 冷轧工作辊磨削工艺（推荐精磨时用）。

表 12-2 $\phi 360 \times 1400$ 冷轧工作辊磨削工艺（推荐粗磨时用）

砂轮转速 /r·min⁻¹	工件转速 /r·min⁻¹	拖板速度 /mm·min⁻¹	微量进给手轮 旋转角度/(°)	磨削道次
300	42	300	60	1
280	48	250	60	1
270	50	200	60	1
260	20	230	50	1
250	20	250	60	1
230	20	200	50	1
240	20	250	60	1

表 12-3 $\phi 360 \times 1400$ 冷轧工作辊磨削工艺（推荐精磨时用）

砂轮转速 /r·min⁻¹	工件转速 /r·min⁻¹	拖板速度 /mm·min⁻¹	微量进给手轮 旋转角度/(°)	磨削道次
280	26	350	50	1
270	28	300	55	1
260	30	250	50	1
260	30	200	45	1
240	32	160	35	1
220	34	180	20	1

12.2.2.4 工作台浮起量的调整及其他应注意事项

（1）工作台浮起量不可调整太高（一般不超过 0.05mm），否则易产生螺旋纹，最好是拖板速度在 20mm/min 时，工作台不产生爬行为最好。

（2）磨床在磨辊前进行充分空运转。

（3）磨削液要求清洁无杂质，有良好防锈性。

（4）轧辊辊颈圆跳动要小。

12.2.3　轧辊表面缺陷的主要形式及产生原因

12.2.3.1　轧辊表面的多角形振纹及波纹

产生多角形振纹及波纹的原因是磨削时砂轮相对于轧辊有振动，防止措施：

（1）砂轮静平衡。

（2）电机整机平衡。

（3）电机减振。

（4）传动皮带减振。

（5）提高砂轮架的抗振性。

（6）选用合适的磨削用量。

（7）选择合适的砂轮、砂轮磨钝后应及时修整砂轮，并注意金刚石修整器的安装位置。

12.2.3.2　冷轧辊表面的螺旋形纹路

常见的有两种情况：第一种与轧辊转速和工作台移动速度计算关系一致的螺旋形纹路；第二种与轧辊转速和工作台速度关系不一致的螺旋形纹路。

产生第一种的原因及防止措施：

（1）砂轮在粗修时砂轮母线修得不平，精修时由于修整量少，而矫正不过来。

（2）修整砂轮时没有用冷却液，或冷却液只冲着砂轮的一部分，引起金刚石修整器冷热膨胀不均匀，造成砂轮的母线不直。

（3）由于砂轮架主轴翘头或低头，在修整时会使砂轮母线成凹形，可在安装砂轮架时，砂轮轴有一点翘头，待装上砂轮后，由于砂轮的自重，把翘起的头压低一点，差不多正好水平。

（4）工作台浮起量过高，运动时稳定性差，有漂移现象，在磨削时产生单边接触，而使轧辊表面出现螺旋形纹路。因此导轨润滑油压力要低一些，流量要小一些。

（5）由于头尾架系统刚性不一致。受力相同时，系统刚性差的变形大使砂轮与轧辊接触不良而引起螺旋形纹路。在这种情况下，应注意减少磨削量来解决。

（6）砂轮架刚性差。砂轮受力时发生偏转，造成边缘与轧辊接触，产生螺旋形纹路。

（7）砂轮架导轨扭曲。修整砂轮时金刚石的位置和磨削轧辊的位置相差太多，使砂轮在磨削时与轧辊出现单面接触，引起螺旋缺陷。

（8）砂轮硬度在宽度方向上不均匀而造成的螺旋形纹路。有些砂轮两边与中间硬度不一致，所以在高光洁度磨削时，砂轮两边应修得低一些。

（9）由于在机床还处于热变形过程中修整砂轮所造成。因此，要求在机床进入温升饱和状态下，再进行修整砂轮和磨削。

产生第二种螺旋形纹路的主要原因是工作台润滑油压力过高，在运行中产生晃动。这一种晃动频率很低，而且没有一定规律，产生的螺旋形纹路一般比较宽。消除的措施是适当调低导轨润滑油压力和减少流量。

12.2.3.3 轧辊表面划痕

（1）磨削时，磨粒掉在砂轮和轧辊之间引起。

（2）冷却液不清洁，磨削时冷却液将磨粒或磨屑带入砂轮与轧辊表面之间引起。

（3）砂轮工作面上存在着个别凸起的磨粒。

（4）选用的砂轮磨料脆性较大，磨粒容易破碎，因而引起轧辊表面划伤。

（5）选用的砂轮硬度偏低，或砂轮硬度不均匀，在磨削时也容易脱落，引起轧辊表面划伤。

（6）精密磨削时，选用粒度太粗的砂轮，也容易引起轧辊表面出现数量不多的划痕。

12.2.3.4 烧伤的产生

（1）砂轮硬度选择太硬。

（2）磨削时横进给量过大，纵走刀速度过快。

（3）砂轮修整过细，特别是粒度（46～80目）砂轮经细修整后，极容易出现烧伤。

（4）砂轮过钝，切削能力差，也容易引起烧伤。

（5）磨削时冷却液喷嘴安放得不好，冷却液不能进入磨削区，或者冷却液供应不充分。

12.2.4 总结

本节总结如下：

（1）在实际磨削时使用的机床性能，操作者水平，轧辊辊颈圆跳动等情况千差万别，因此只有通过不断实践，总结提高，才能磨出符合要求的冷轧工作辊；磨床的设计应满足生产工艺的要求，但对已经投入使用的磨床来说，只有工艺迁就设备。

（2）换一次冷轧辊的费用是很高的，因此，操作工有义务正确合理地使用冷轧辊，对于粘铝等现象，能运用适当的方法去处理，尽量延长冷轧辊的使用寿命。

13 CVC冷轧技术

现代冷轧机先进技术的发展就是追求完美板带质量的过程，为实现高质量、高效率的生产，现代冷轧机朝着高速、宽幅、强大的综合板形控制能力方向发展。衡量现代先进冷轧机的装机标准是轧制速度为 1500～2000m/min、轧制带材最大宽度大于 2000mm、具有先进的综合板形控制技术。CVC6-HS 铝板带冷轧机是其中最具有代表性的机型之一。为了得到高质量的带材，在冷轧过程中必须随时调整辊缝去适应来料的板形，并补偿各种因素对辊缝的影响，对于不同的宽度、厚度、合金的带材只有一种最佳的凸度辊可以产生理想的目标板形，因此普通轧机必须配备多套不同凸度的轧辊才能满足工艺要求。出于适应工艺对轧辊的不同条件要求及能迅速、连续、任意的改变辊缝轮廓凸度实现自由轧程的初衷，德国西马克－德马克（SMS－DEMAG）公司于 1980 年开发了 CVC 技术，CVC（continuously variable crown）的原意是凸度连续可变。经过 20 多年的发展与完善，CVC 轧机已发展出很多种机型广泛的应用于铝热轧、冷轧板带生产中。先进控制策略和控制手段相结合使 CVC 技术成为世界最先进的轧制技术之一。CVC 轧机按轧辊数量不同分为 2 辊轧机、4 辊轧机、6 辊轧机。2 辊、4 辊轧机的工作辊为 CVC 辊，6 辊轧机的 CVC 辊可设在工作辊或中间辊上；传动方式有工作辊、中间辊、支撑辊三种形式。

本章以国内某铝加工厂所使用的 CVC 冷轧机为例展开介绍。

13.1 CVC技术的关键

CVC 技术原理很简单，如图 13-1 所示，就是将上、下轧辊辊身磨削成相同的 S 形 CVC 曲线，上、下辊的位置倒置 180°，当曲线的初始相位为零时形成等距的 S 形平行辊缝，通过轧辊窜动机构使上、下 CVC 轧辊作相对同步窜动，就可在辊缝处产生连续变化的正、负凸度轮廓。由于辊身被磨削成 S 形曲线，因此不同的辊身位置存在着辊径差，转动时必然会产生速度差。普通轧机工作辊辊身被磨削成凸度为 0.03～0.15mm 的抛物线或正弦曲线，同样存在辊径差的情况；CVC 曲线在辊身最大辊径差为 0.4～0.8mm，不同辊径差 AD 所能产生的速度差如图 13-2 所示，仅仅为轧制速度的千分之几或更小，远远小于轧制时轧制带材速度的前滑值，所以轧辊与轧件间不会产生不良影响；轧辊与轧辊之间的弹性压

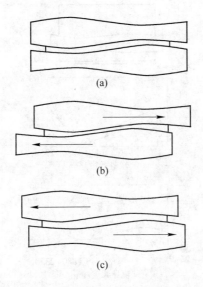

图 13-1　CVC 原理

（a）窜动量为 0 时为平行辊缝；（b）辊缝凸度为负凸度；

（c）辊缝凸度为正凸度

扁使轧辊间能够全表面接触，轧制时轧辊间轧制油膜的存在也使辊间微量滑动的影响被消除。不同带材宽度的辊间接触应力分布如图 13-3 所示，可见在中间辊小头侧存在一定程度的应力集中情况，这是 S 形曲线及较大辊径差必然产生的结果，相对于四辊轧机略有增加，但高次 CVC 曲线方程的应用使辊间应力集中的情况大为减小，据设备使用厂家的资料显示轧辊的磨损情况与普通 4 辊轧机区别不大。

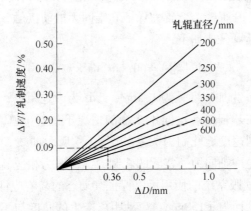

图 13-2　辊径差与辊面速度差的关系

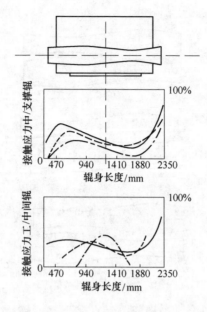

图 13-3　同宽度带材辊间接触应力分布

13.2　CVC6-HS 冷轧机控制手段

13.2.1　CVC 辊窜动

CVC6-HS 冷轧机的中间辊窜动机构安装在轧机操作侧，由 4 个液压缸分别驱动，采用两个伺服阀分别控制上、下辊的窜动力和窜动速度，位置传感器控制窜动位置，具有位置控制系统和同步控制系统。其窜动速度与轧制速度、轧制力的关系见图 8-4；中间辊的窜动分预设定状态和轧制状态两种情况，预设定状态时设定条件是无轧件、开辊缝、弯辊力保证轧辊间无滑动接触，由设定距离确定轧辊的转动速度，其计算公式如下：

$$V^2(辊) = 60 \times \mathrm{d}s \times a \times 1/k$$

式中，$1/k = 1000$；a 为加速度，为 $1.5\mathrm{m/s^2}$；$\mathrm{d}s$ 为设定距离；窜动速度等于最高缸速，实践中有时在开辊缝、辊间不接触的情况下进行 CVC 辊预设定。轧制状态时窜动速度与轧制速度、轧制力关系如图 13-4 所示曲线，窜动速度取决于轧制速度、轧辊最高允许轴向力、实际的轧制力，一般为相应轧制速度的 1/2000～1/4000 之间，液压伺服系统的使用可以保证其动态的高响应性。

窜动距离一般设计为 ±150mm，窜动距离产生的凸度与不同带宽的关系见图 13-5。在达到同样凸度效果的条件下宽带材比窄带材的窜动行程小，所以 CVC 技

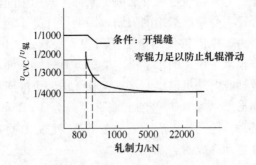

图 13-4　辊窜动速度与轧制速度和轧制力的关系

v_{CVC}—CVC 辊窜动速度；$v_{辊}$—轧辊转动速度，m/min

术对宽带材板形控制效果比窄带材强。轧制过程中 CVC 辊窜动所产生的轴向力与轧制力、窜动速度的关系见图 13-6，实践证明在有轧件情况下窜动比无轧件窜动轴向力小得多。

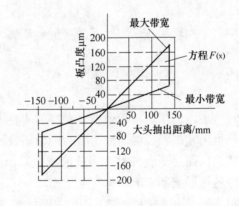

图 13-5　辊窜动对不同宽度带材板凸度的控制效果

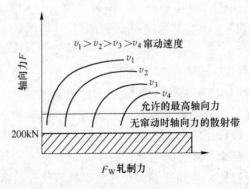

图 13-6　CVC 辊窜动轴向力与轧制力和窜动速度的关系

稳定的轧制状态是得到高质量板形的前提条件。采用中间辊传动的六辊 CVC 冷轧机由于工作辊直径不受传动扭矩的限制，因而设计为小直径辊，轧制过程中工作辊承受较大轧制力、中间辊传动扭矩易出现失稳状态，因此 CVC6-HS 轧机装有可精确调整工作辊水平位置的水平稳定装置（HS），即使上下工作辊轴心相对于中间辊、支承辊轴心向轧机出口侧水平偏移。由两个液压比例阀控制 8 个液压缸分别驱动 8 个楔形斜铁实现调整的，偏移距离为 3 ~ 25mm，偏移距离与开卷、卷取张力，轧制力，传动扭矩成函数关系，其定位是在每道次轧制前由轧机计算机根据相应条件自动完成的。

13.2.2 CVC 曲线方程的选定

根据所生产的产品范围轧机设计厂家一般仅用一种曲线方程就可满足全范围产品要求，当然不同轧机的曲线方程是不一样的。CVC 曲线方程现在已由最初的 3 次曲线方程发展到 5 次、7 次的高次方程，其更适应宽幅轧机的大宽度范围凸度控制，五次方程式为

$$r(x) = a_0 + a_1 x + a_2 x^2 + a_3 x^3 + a_4 x^4 + a_5 x^5$$

高次方程使工作辊、中间辊、支承辊之间的接触载荷均匀而对称，增大了对板形的控制能力。

13.2.3 弯辊系统

轧辊的直径大小对弯辊力的作用比较敏感，同样的弯辊力对小直径轧辊可以产生较大的辊凸度。但也因轧辊辊径细而使弯辊力的作用难以影响轧件的中央部分，过大的工作辊弯辊力反而易造成带材 1/4 波浪或边紧情况即 M 形或 W 形缺陷，辊径粗使弯辊对冷轧板形控制能力、道次加工率降低，轧辊弹性压扁限制带材加工厚度，在冷轧机上是不可取的。CVC6-HS 六辊轧机由于采用中间辊传动所以工作辊的辊径可以不受传动扭矩的限制而采用小直径工作辊，中间辊弯辊的使用同时也增大了工作辊弯辊控制能力，两者的联合使用解决了带材的 M 形和 W 形板形缺陷，小直径工作辊可加工更薄的带材、使道次加工率增大提高生产效率。

该厂所使用的 CVC6-HS 冷轧机的工作辊弯辊采用正负弯辊，弯辊力为 +600/ -350kN；中间辊弯辊采用正负弯辊，弯辊力为 +700/ -400kN。中间辊弯辊的使用大大提高了弯辊的板形控制能力，由于中间辊的窜动使上下中间辊位置形成不对称性，造成操作侧、传动侧上下中间辊弯辊力臂的不同，弯辊力的不对称性势必会对板形带来不良影响，因而在中间辊弯辊的设计中采用两个伺服阀分别交叉控制相应弯辊缸，达到弯辊力对称效果。现代轧机的弯辊控制已由比例控制发展到高动态响应的伺服系统控制，提高了控制精度和范围。西马克的弯辊

缸设计为差动活塞缸，正负弯集中在一个缸中，所有弯辊缸均集成在"凸形"块上，轧辊轴承箱上不安装任何弯辊缸。因此其工作辊弯辊缸仅为 4 个，中间辊弯辊缸为 8 个，比其他设计方案的数量减少一半以上，大大提高了系统的可靠性和减少了维修量。

13.2.4 轧制油系统

近年来为解决轧辊边部温降对带材边部板形的不良影响，现代轧机的轧制油冷却润滑系统增加了边部热油喷射控制功能，对边部板形控制起到了较好的效果；CVC6-HS 冷轧机的热轧制油温度为 80~92℃，热油喷射可根据带材的宽度自动调整位置，其主要用于解决带材边部由于轧辊温降而导致边部板形缺陷问题，因此热油喷射位置是带材边部的轧辊辊身。CVC6-HS 冷轧机的工作辊轧制油冷却润滑采用上下各一排辊缝润滑，上下各两排分段冷却，上下各一排热油喷射；上中间辊采用一排冷却喷射。轧制油喷射冷却润滑效果因喷嘴间距、角度、流量、距离、排列方式不同取得的效果差异较大，合理的布置为各喷嘴平行布置方式，可以有效减小因喷嘴间的干涉而导致冷却效果减弱。中间辊冷却喷嘴采用大间距较小角度润滑如间距 110mm，角度 50°；工作辊辊缝润滑喷嘴采用最小角度 50°、间距 50mm 小流量润滑，工作辊润滑喷嘴采用大角度喷射提高冷却效果，如间距为 62mm，宽幅轧机为精确控制冷却效果边部采用间距为 31mm 的喷嘴，流量为 62mm 间距喷嘴的 1/2，喷射角度最大达 70°。因而轧制油在辊面上单位时间覆盖面积更大冷却效果及控制精度更高。尤其值得注意的是参与板形控制的喷嘴间距是与板形辊测量环相对应的，即 31mm、62mm 间距喷嘴对应于 31mm、62mm 间距测量环，中间为 62mm 间距两侧为 31mm 间距。轧制油循环喷射流量的选取非常关键，国内曾有厂家因流量选择不当而被迫进行二次改造的情况，通常来讲轧制油的循环喷射流量为轧制油全部喷嘴总流量的 80%，循环过滤流量为喷射流量的 120%。现代轧机轧制油喷射系统压力一般为 0.7~1MPa，喷射压力≥0.7MPa，控制手段的精细和齐全使 CVC6-HS 冷轧机的具备了高质量板形控制能力。CVC-6HS 冷轧机的另外一个特点是一台轧机上可以采用两种轴承箱相同、直径不同的工作辊。

13.3 CVC6-HS 冷轧机板形控制策略

板形控制 CVC6-HS6 辊冷轧机的板形控制执行机构有以下方式：工作辊弯辊，中间辊弯辊，液压压下缸倾斜控制，中间辊窜动，轧制油喷射，工作辊水平稳定装置。除工作辊水平稳定装置外其余均与板形辊形成闭环板形控制。其控制策略原则见图 13-7。首先输入来料参数如宽度、厚度、合金、状态等，轧机自动计算出加工道次，并确定每道次 CVC 辊窜动位置的初始设定值，工作辊、中间辊弯辊力初始设定值，轧制力，轧制油等效喷射宽度、投入喷射百分比等数据，进入轧制阶段将进行动态数据调整，在工作辊、中间辊弯辊力的调节能够满足板形控制情况下，CVC辊不进行窜动；只有当来料板形变化大导致工作辊、中间辊弯辊力达到其控制最大能力的75%～80%时，CVC辊开始进行动态调整，改变辊缝轮廓凸度使工作辊、中间辊弯辊力恢复到初始设定值，即提高轧机板形控制能力又避免因使用大弯辊力而带来对板形控制的负面影响；当然CVC辊窜动位置是与轧制过程中轧辊磨损程度、轧辊热凸度变化相关联的，对轧辊热凸度及磨损具有补偿功能，因此CVC辊的窜动设定值在实际生产过程中也需要根据各自工厂来料情况进行人工修正和轧机进行自适应调整。

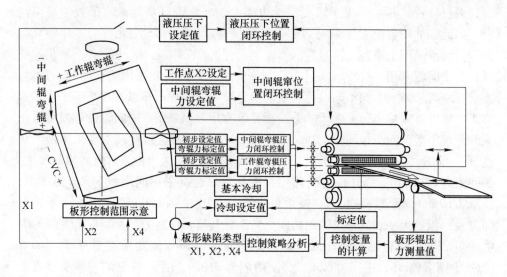

图 13-7　CVC6-HS 轧机板形控制策略

如图13-7所示通过板形辊测得带材的平直度，经数学分析处理成平直度曲线，它代表带材平直度目标值与实际值的差值，该差值经数学模型分类为1次、2次、4次方程主要缺陷，分别传送到相应板形控制执行机构：液压压下缸倾斜控制（解决1次线性缺陷）、中间辊窜动和中间辊弯辊（解决2次抛物线缺陷）、工作辊弯辊（解决4次曲线缺陷），剩余小的、复杂的、非对称的缺陷由轧制油喷射系统解决。图13-7中所示的轧机板形控制为宽、中、窄不同条件下主要控制执行机构的控制范围，由于中间辊弯辊、CVC辊窜动控制手段的应用使轧机板形控制能力得以大大增强。

14　铝及铝合金中厚板缺陷分类与检验

14.1　铝及铝合金中厚板的缺陷分类

根据缺陷对产品质量的影响和标准的规定，可把铝合金中厚板的缺陷分以下三类：

（1）不允许有的缺陷。这类缺陷的产生就意味着产品绝对报废，它包括使组织不致密、破坏晶粒间结合力的贯穿气孔、夹杂物、过烧等废品；破坏产品抗蚀性能的腐蚀、扩散、白斑、包铝层错动、硝盐痕、滑移线废品；破坏产品整体结构的裂边、裂纹、收缩孔等废品和不符合力学性能、尺寸精度等使用要求或标准要求的废品。

（2）允许有的缺陷。这类缺陷在标准上做了具体规定或可以归类到某种已做规定的缺陷里，它们虽然降低了产品的综合性能，但只要符合标准要求仍可使用。例如对面积和深度做了规定的缺陷：表面气泡、波浪、擦划伤、乳液痕、凹陷、压过划痕、印痕、粘伤、横波、起皮等缺陷；允许存在的轻微缺陷：压折、非金属压入、金属压入、松枝花纹等缺陷；符合标准的缺陷：小黑点、折伤等缺陷。

（3）其他缺陷。标准中没有明确规定和虽有规定但很不具体的缺陷，把它们归入这一类，如侧弯、油痕、水痕、表面不亮、花纹等缺陷。

14.1.1　铝及铝合金中厚板的尺寸精度和形状缺陷

中厚板常见尺寸精度和形状缺陷见表14-1。

表14-1　中厚板常见尺寸精度和形状缺陷

序号	缺陷名称	定义或特征	起因及控制
1	厚度超标	板材厚度大于（小于）标准规定的允许最大（最小）厚度	冷轧压下量不合理；测量器具误差大、读数误差；测厚仪故障、补偿值误差；辊缝、水平值使用不当
2	长度、宽度超标	板材长度、宽度大于（小于）标准规定的允许最大（最小）长度	圆盘剪、旋转飞剪间隙、重合度不理想；冷轧切边时负宽量考虑不周，切边时测量错误；横切定尺编码器故障；横切压下量、张力匹配不合理
3	平直度	板材的平直度的总称，或指板材平整度	轧制时板带横方向组织伸展或应力不均匀，产生弯曲或波浪现象。一般用波浪高度、间距和波浪数决定，通过铸轧、冷轧、横切辊型、张力等工艺参数进行控制

序号	缺陷名称	定义或特征	起因及控制
4	边浪	板材边部（单边或双边）呈现凹凸不平的波浪。板边部反复起波浪	铸轧原始板有翘边、负凸度现象；冷轧时水平值、辊缝差异；前张力、负弯量过大；边部油冷却强度小
5	中浪	板材中部凹凸不平或总体呈"弧形"的总称	铸轧原始板有塌边、凸度大现象；冷轧时水平值、辊缝差异；后张力、正弯量过大；冷轧辊热凸度大，中部油冷却强度小
6	肋浪（1/4 处波浪）	沿横向到距板边部距离为 1/5 ~ 1/4 板宽处附近凹凸不平的总称	铸轧原始板有："M"形现象；前后张力匹配不合理、正负弯反复交替使用；轧制油冷却强度不合理。由轧制引起的轧辊变形和不恰当的轧辊热凸度的组合；有效控制轧辊不同区域的冷却程度可改善
7	复合浪	由上述两种或两种以上的波浪的组合	铸轧原始板形差；冷轧轧制时工艺参数匹配、辊型调整不合理
8	纵向（横向）弯曲	将板材放在平台上，其前后（左右）边部向上翘起状态的总称，或指这时的翘曲程度	冷轧轧制后在整个板带面呈现较大的整体中浪，内应力分布不均

14.1.2 铝及铝合金中厚板表面缺陷

中厚板表面缺陷见表 14-2。

表 14-2 中厚板表面缺陷

序号	缺陷名称	定义或特征	起因和控制方法
1	表面气泡	板材表面不规则的条状或圆形空腔凸包，其边缘圆滑，上下不对称。对材料力学性能和抗腐蚀性能有影响	铸坯含气量高，组织疏松，应加强熔体净化处理；铸造结晶器有水汽；应注意环境控制和精炼净化处理
2	贯穿气孔	气泡贯穿板材厚度，其上下对称，呈圆形或条形凸包，破坏组织致密性和降低力学性能，属绝对废品	铸坯内的集中气泡，轧制后残留在板片上；应加强铝液搅拌、精炼、除气、净化处理，改善熔铸工艺
3	表面裂纹	板材表面与轧制方向呈直角的裂口	铸坯表面质量差；铸坯加热温度过高；道次压下量过大；铸造裂纹
4	起皮	板材表面局部起层。成层较薄，破裂翻起	铸坯表面平整度差或铣面不彻底；加热时间长，表面严重氧化
5	裂边	板材边部破裂，严重时呈锯齿状，板材的整体结构破坏	铸轧坯在成型边部受力不均、隐性裂纹冷轧后扩展；压下率不当；合金成分、金属塑性不良；在高镁合金中，铸坯中的钠含量过高（钠脆现象）

序号	缺陷名称	定义或特征	起因和控制方法
6	组织条纹	由铸坯组织、成分偏析或粗大晶粒引起的与轧向平行的筋状（带状）条纹。经阳极氧化处理后或酸洗后变得明显。酸洗深度增加可能发生宽度变化或消失	铸造结晶条件的合理化和适当的晶粒细化，以防止铸坯的成分晶粒组织不均匀；进行合理的铸坯铣面
7	分层	在板材端部或边部的断面中心产生与轧制平行的层裂。前后端出现的称为夹层、裂层，在 Al-Mg 铝合金出现较多。板材边部出现的称为分层，在横向轧制中常见	铸坯形状不合适；铸坯加热不均匀或压下量过大；铸坯浇口的切除要多些（防止夹层）；在高镁合金中，减少铸坯中的钠的含量（防止夹层）；轧制材料的边部要多切除些（防止分层）；进行适当的齐边轧制（防止分层）
8	夹杂分层	板材的横断面上产生与板材表面平行的条状裂纹，沿轧制方向延伸，分布无规律	铸坯含有非金属夹杂；铸坯含气量高、组织疏松
9	压折	压光机压过板片皱褶处，使该部分板片呈亮道花纹。它破坏板材的致密性，压折部位不易焊合紧密，对材料综合性能有影响	辊型不正确，板材不均匀形；压光前板片波浪太大，或压光量过大，速度快；压光时送入不正，容易产生压折；板片两边厚度差大，易产生压折
10	（非）金属压入	（非）金属杂物、碎片压入板表面，呈明显点状或条状黑黄色。它破坏板材表面的连续性，降低板材抗蚀性能	铸坯含有（非）金属夹杂、轧制通道不清洁，加工过程中脏物掉在板面上，经过轧制而形成；工艺润滑剂喷射压力低，板材表面上黏附的非金属脏物冲洗不掉；轧制油更换不及时，铝粉冲洗不净
11	划伤	因尖锐物体（如板角、金属屑或设备上的尖锐物等）与板面接触，在相对滑动时所造成的呈单条状分布的伤痕。造成氧化膜连续性破坏，降低抗蚀性和力学性能	轧制通道粘铝、有突出尖角或粘铝，使压板划伤；精整机列加工中的划伤；板片相互重合移动时造成划伤；成品包装过程中，铁片露出以及板片抬放不当，都可能造成划伤
12	擦伤	与板面接触任何物体或板面与板面接触后发生相对滑动或错动而在板材表面所造成的呈束状（或成组）分布的伤痕。它破坏氧化膜，降低抗腐蚀性能	板材在加工过程中与轧制通道异物、凸起物接触时，产生相对摩擦而造成的；精整包装不当
13	碰伤（凹陷）	板材表面或端面受到其他物体碰撞后形成不光滑的单个或多个凹坑，它对表面的破坏性很大	板材在搬运及停放过程中被碰撞；退火料架不干净，有金属屑或突出物；板材退火后上面压有重物
14	粘伤	轧制时张力过大造成板坯间粘连，板面出现的较大面积有一定深度同一位置的点、片状或条状痕迹。破坏板面氧化膜，降低抗蚀性能	轧辊粘铝，热状态下板垛上压有重物；退火时板片之间在某点上相互粘结
15	粘铝	轧辊与板材表面润滑不良而引起板材表面粗糙的粘伤	轧制工艺不当，道次压下量大且轧速过高；工艺润滑剂性能差

序号	缺陷名称	定义或特征	起因和控制方法
16	折伤	板材弯折后表面形成的局部不规则的凸起皱纹或"马蹄"形印迹	板片在搬运或翻转时受力不均，多辊矫直时送料不正
17	揉擦伤	相邻板片互相摩擦留下的痕迹，表面呈不规则圆弧条纹，降低抗蚀性能	板片弯曲度大，装料量太多，板间间距小；装卸板或吊运时板片相互错动
18	压过划痕	上道工序产生的擦伤、划伤，经下一道次轧制后仍呈擦划伤条纹，但表面较光滑。有隐蔽性，降低综合性能	轧制工序中产生的划伤、粘伤、退火与搬运过程中的擦伤又经轧制而造成
19	运送伤痕	在搬运过程中，铝板表面互相接触，并因振动而长时间互相摩擦引起的伤痕，呈黑色	包装应按规范要求进行；运送时防止打包点松散、防止板片错动
20	腐蚀	板材表面与周围介质接触产生化学或电化学反应，金属表面失去光泽，引起表面组织破坏。腐蚀呈片状或点状，白色，严重时有粉末产生，降低抗蚀性和综合性能	生产过程中板材表面残留有酸、碱或水迹；板材接触的轧制油、乳液等辅助材料含有水分或呈碱性；包装不密封；运输过程中，防腐层被破坏
21	油痕（油斑）	冷轧后残留在板面的轧制油，经高温退火烧结在板面，呈褐黄色或红色斑迹。影响美观	板面上残存轧制油（轧制油中混合重油），经退火后造成板材表面有烧结痕迹；退火工艺不当
22	亮带	板材表面由于粗糙度不均而产生宽、窄不一的亮印	轧辊研磨质量差；工艺润滑不良；先轧窄料后轧宽料
23	小黑点（条）	板材表面的不规则的黑点（条）。降低抗蚀性，不美观	板材表面有擦划伤；金属中有夹杂；轧制时产生大量的铝粉并压入金属，进一步轧制时产生小黑条
24	暗道	由窄板改轧宽板时，在宽板上出现的平行轧向的光泽度偏差。在铝板的两面连续出现，影响美观	由接触轧制材料边部的工作辊上的黏附物转印到铝板上引起的；从宽幅到窄幅，改变轧制顺序；更换轧辊
25	走刀痕	磨辊时砂轮磨痕转印在铝板表面上的痕迹，影响美观	防止砂轮的走刀痕残留在轧辊上
26	振痕	与轧向呈直角，有细微间距出现的直线状的光泽斑纹。由轧辊引起的称轧制振痕，由矫直辊引起的称矫直振痕。有手感，硬合金常见	铸轧严格控制前箱液面的平稳性；合理安排道次程序，以防压下量过大；适当控制轧制速度；防止轧制润滑不当；减少轧机的振动
27	人字纹	与轧向呈一定角度出现薄棱状的光泽不良。在板横向易出现	适当安排轧制道次压下率；适当控制前、后张力；防止工艺油的润滑不良
28	印痕（辊印）	轧辊或矫直辊上带有伤痕、痕迹、色块，经轧制或矫直复制到铝板表面。印痕呈周期性分布	轧辊及板材表面粘有金属屑或脏物，板材通过生产机列后在板材表面印下黏附物的痕迹，其他工艺设备表面有缺陷或黏附脏物时，在板材表面易产生印痕

序号	缺陷名称	定义或特征	起因和控制方法
29	横波	垂直轧制方向横贯板材表面的波纹	轧制过程中工作辊颤动；轧制过程中停机，或较快调整压下量；精整时多辊矫直机在较大压下量的情况下矫直时停车
30	毛刺	经剪切板材边缘存在有大小不行的细短或尖而薄的金属刺	剪切时刀刃不锋利，剪刃润滑不良，剪刀间隙及重叠调整不当
31	松树枝状花纹	板材在轧制过程中由于变形不均产生的滑移线。表面呈有未规律的松树枝状花纹，严重时板材表面凸凹不平，有明显色差，但仍十分光滑。它主要影响表面美观，严重时也影响产品的综合性能	压下量过大；轧制时润滑不好造成板材各部分金属流动不均匀

14.1.3　铝及铝合金中厚板内部缺陷

中厚板内部缺陷见表14-3。

表14-3　中厚板内部缺陷

序号	缺陷名称	定义或特征	起因和控制方法
1	力学性能不合格	产品常温力学性能超标：（1）抗拉强度；（2）伸长率；（3）90°折弯裂纹	铸轧的化学成分不符合技术标准，未正确执行热处理制度；热处理设备不正常；试验方法不正确；试样规格和表面不符合要求等
2	过烧	板材在热处理时，金属温度达到或超过低熔点共晶温度，使晶界局部加粗，晶内低熔点共晶物形成液相球，晶界交叉处呈三角形等。破坏晶粒间结合度，降低综合性能，属绝对废品	炉子各区温度不均；热处理设备或仪表失灵；加热或热处理制度不合理，或执行不严；装料时位置不正
3	过热	金属或合金在热处理加热时，由于温度过高，晶粒长得很大，以致性能显著降低的现象，称之为过热	炉子各区温度不均；热处理设备或仪表失灵；加热或热处理制度不合理，或执行不严；装料时位置不正
4	成分偏析	合金中各组成元素在结晶时分布不均匀的现象。晶内偏析，该情况取决于浇铸时的冷却速度，偏析元素扩散能力和固相线倾斜度等，可以通过退火将偏析消除；区域性偏析：在较大范围内化学成分不均匀的现象，退火无法将该情况消除，这种偏析与冷却温度、冷却速度有关；密度偏析：合金凝固时析出的初晶与余下的液体存在较大的比重差，最终导致材料出现分层、化学成分不均匀的情况。可采用降低冷却温度加大冷却速度，加入微量元素形成比重适当等。按偏析分布分为中心线偏析、表面偏析、分散型偏析	中心线偏析：（1）防止熔体过热，适当降低铸轧速度；（2）提高冷却强度，增加冷却水流量和压力，定期清理辊芯，确保水道通畅；（3）根据板厚选择适当工艺；（4）加入晶粒细化剂，改善化学成分均匀性。表面偏析：（1）防止熔体过热，适当降低铸轧速度；（2）适当调整铸轧区及板厚，使变形区增大，板辊接触更紧密，减少重熔析出；（3）合理安装铸嘴；（4）保持冷却水的通畅，保证足够的冷却强度

序号	缺陷名称	定义或特征	起因和控制方法
5	组织偏析	由于铸轧工艺不当,细小的等轴晶粒中出现局部大晶粒尺寸比正常晶粒大几倍或十几倍;或不同的组织相团聚分布在板带材中	调整合适铸轧工艺,在适当的温度区间中进行铸轧

14.2　铝及铝合金中厚板材的检验方法

铝及铝合金中厚板材的检验分为过程检验、成品检验。检验主要项目有化学成分、内部组织、力学性能、表面质量、板形及几何尺寸。

过程检验可采用操作工人自检、互检和专职检查人员检验相结合的方式进行。化学成分、内部组织、力学性能目前基本上是随机取样进行理化检验,随着检测技术的发展,特殊情况下也可采用无损检验技术百分百检查内部缺陷。表面质量、板形及几何尺寸要按工艺质量控制要求进行来料检查、中间抽查、成品检查。

成品检验时,要求按技术标准或检验规程进行检验。

附录　加工常用词语英汉对照

absolute spread　宽展量，绝对宽展

accuracy　精度

accuracy control　精度控制

accuracy in size　尺寸精度

addition　添加剂

addition agent　添加剂

additive for lubrication　润滑添加剂

advance angle　前滑角

agent of fusion　溶剂

ageing treatment　时效处理

agitator　搅拌器

agitating equipment　搅动装置

airblast cooling　风冷

air bubble　气泡

air-compressor　空气压缩机

allowable tolerance　允许公差

allowable variation　允许偏差

allowance　公差，加工余量

alloy　合金

aluminium cold mill　铝材冷轧机

aluminium duralumin alloy　变形铝合金

aluminium foil　铝箔

aluminium foil mill　铝箔轧机

aluminium plate　厚铝板

aluminium sheet　铝板

aluminium sheet mill　薄铝板轧机

aluminothermic process　铝热法

aluminothermics　铝热法【剂】

aluminothermy　铝热法

amplitude　振幅

analogue device　模拟装置

analogue input　模拟输入

analogue method　模拟方法

analogue signal　模拟信号

angle of bite　咬入角

angle of contact　咬入角

angle of friction　摩擦角

anneal　退火

annealed　退过火的

annealed of box　箱式退火

annealed of process　中间退火

annealed in vacuum　真空退火

annealer　退火炉

annealing　退火

annealing temperature　退火温度

aptitude to rolling　可轧性

as-cold rolled　冷轧的

automatic bander　自动打捆机

automatic extension control　延伸率自
动控制

automatic flatness control　平直度自动
控制（AFC）

automatic gauge control　厚度自动控制
（AGC）

automatic gauge controller　厚度自动调
整器

automatic gauge control system　厚度自
动控制系统

automatic profile control　辊型自动控制
（APC）

backed-up type roller leveler　带支撑辊
的辊式矫直机

back pull　反拉(后张)力

back roll　支承辊

back roll bearing　支承辊轴承

backup roll chock　支承辊轴承座

backward flow　后滑

backward pull　后张力

backward slip　后滑

backward slip zone　后滑区

backward tension　后张力

band edge(mill edge)　板带轧制(未经剪切)的边

barrel diameter　辊身直径

barrel hardness　辊身硬度

barrel length　辊身长度

blank size　坯料尺寸

breadth　宽度

burr　毛刺，飞边；去除毛刺

burr fin　毛刺

burr-free edge　无毛刺板边

burring　去除毛刺；内缘翻边

camber design　辊型(辊身凸度)设计

cambered roll　凸辊型轧辊

cambering　辊型设计

centring device　对中装置

changing rig　换辊装置

checked edge(= cracked edge)　裂边(板带材的)

cleanliness of surface　表面清洁度

cluster mill(rolling)　六(多)辊轧机

coefficient of elasticity　弹性系数

coefficient of elongation　延伸系数

coefficient of expansion　膨胀系数

coefficient of external friction　外摩擦系数

coefficient of friction　摩擦系数

coefficient of reduction　压下系数

coefficient of rigidity　刚度系数

coefficient of rolling friction　滚动摩擦系数

coefficient of spread　宽展系数

coiling machine　卷取机

coiling reel　卷取机

cold-rolling mill　冷轧机

cold-rolling property　冷轧性能

cold-rolling reduction　冷轧压下量

cold-rolling technology　冷轧技术

coll diameter measuring system　卷径测量系统

continuous casting process　连续铸造法

continuous cast rolling　连续铸轧

continuous cast slab　连续板坯

continuous variable crown(cvc)technology　连续可变凸度(cvc)技术

continuous variable crown(cvc)mill　连续可变凸度(cvc)轧机

deflection of roll　轧辊挠度

delivery guide　出口导板

dress　精整，矫直；磨光；清理

driving side　传动（驱动）侧

entry roll　进(入)口张紧辊

entablature　上横梁（机座、牌坊的）

entering guide(= entry guide)　进(入)口导板

entrance　入口

exit thickness(= outgoing thickness)　轧后厚度

expanding drum coiler　胀缩芯轴式卷取机

feedback control　反馈控制

feedback control signal　反馈控制信号

feedback control system　反馈控制系统

finishing equipment　精整设备

finishing facility　精整设备

finishing operation　精整工序

flanged edge　卷(翻)边

flat cold-rolled sheet　冷轧薄板

flat cold-rolled strip　冷轧带材

foil　箔材

foil mill　箔材轧机

foil pay-off device　箔材开卷装置

foil rolling　箔材轧制

foil separator　铝箔分卷机

foil strain gauge　箔式应变片

forward creep　前滑(轧制时金属的)

forward flow　前滑

forward pull　前张力

forward slip　前滑

forward slip ratio　前滑量

forward slip zone　前滑区

forward tension　前张力

forward tensile force　前张力

frictional angle　摩擦角

gearbox　减(变)速箱

gear coupling　齿型联轴器

gear drive　齿轮传动

guide roll　导辊

high-speed mill　高速轧机

hold-down roll　压紧辊

hold-down roller　压紧辊

trimmer　切边剪

trimming allowance　切边余量

X-ray thickness gange　X射线测厚仪

Snake　亮(白)点(缺陷)

参 考 文 献

[1] 谢水生，刘静安，黄国杰. 铝加工生产技术 500 问. 北京：化学工业出版社，2006.

[2] 张忠玉. 铝及铝合金工艺与设备. 长沙：中南大学出版社，2006.

[3] 王宝让. 铝镁合金熔炼与铸造. 北京：冶金工业出版社，1986.

[4] 向凌霄. 原铝及其合金的熔炼与铸造. 北京：冶金工业出版社，2005.

[5] 陈存中. 有色金属熔炼与铸锭. 北京：冶金工业出版社，2006.

[6] 马宏声. 有色金属锭坯生产技术. 北京：化学工业出版社，2007.

[7] 云南铝业股份有限公司.《铸轧作业指导书》.

[8] 云南铝业股份有限公司.《铸轧除气装置使用说明书》.

[9] 孙斌煜. 板带铸轧理论与技术. 北京：冶金工业出版社，2002.

[10] 郑子樵. 材料科学基础. 长沙：中南大学出版社，2005.

[11] 田荣璋，王祝堂. 铝合金及其加工手册. 长沙：中南大学出版社，2000.

[12] 傅祖铸，等. 有色金属板带材生产. 长沙：中南大学出版社，2005.

[13] 肖亚庆，万时云，等. 铝加工技术实用手册. 北京：冶金工业出版社，2005.

[14] 冷轧、退火、横切、包装设备规格书.

[15] 退火工艺技术规程.

[16] 横切操作手册.

[17] 国家标准 GB/T 3199—2007《铝及铝合金加工产品包装、标志、运输、贮存》.

[18] 郭京林，王志国. CVC 技术在现代冷轧机中的控制策略和手段，轻合金加工技术. 2003. Vol31. No12-No15.